おーい、フクチン！ おまえさん、しあわせかい？
―― 54匹の置き去りになった猫の物語 ――

Hey, Fukuchin! Are You Happy? ―― Survival & New Lives for Cats from Fukushima ――

後藤真樹・著

目次

プロローグ 5

2011年3月11日、その日からボクたちのサバイバルが始まった 6

フクチンのサバイバル生活と救出物語 1
ダレもいなくなった街で 22

フクチンのサバイバル生活と救出物語 2
モウ、ひとりがイヤなんダヨ 46

ふたたびボクたちはぬくもりに包まれてくらしはじめた 54

ボクたちといっしょにみんなもしあわせ…… 74

被災者と猫たち、そして高円寺ニャンダラーズ 28
保護猫たちの託児所と協力する獣医師 43
動物の命を救うこと、それが獣医師の仕事 44
譲渡会での里親との出会い 45
震災後生まれの子猫たち 70
レスキューの現場から 西井えり 93

エピローグ 94

本文で紹介する猫のデータ
● 猫の名前
性別
年齢(2013年2月撮影時)
保護日
保護場所

● プロローグ

　ボクは猫。名前は「フクスケ」と言いマス。名付け親はボクのサトオヤのゴトウサン。フクシマのヨノモリ（富岡町夜ノ森）から助け出されタ。だからフクをとって「フクスケ」と名付けたんだそうデス。でもふだんはただの「フク」とか「フクチン」とか呼ばれている気がスル。ゴトウサンにはボクのフクシマでの生活を知る術はないケド、それはそれは楽しく暮らしていたンダゾ！

　フクシマの家には大好きだった人間の女の子がいてネ、よく一緒にあやとりをして遊んだンダ。「あーん！ ××チャン邪魔しないでよー」ってよく言われたモンダヨ。ボクはヒモが大好きナンダヨ。でもネ、よーくだっこを強要されるから逃げ回ったりもしたケドネ。いつもおいしいカリカリのご飯をくれるお母サン。お父サンだって酔っぱらうとおつまみのお刺身をボクに投げてクレタ。

　ボクは温かいコタツが一番のお気に入りの場所ダッタ。それから一歩家の外に出れば仲間の猫たちがイテ、集会をシテ、恋もシタ。ときにはケンカもしたケドネ。人間に言わせれば平凡な猫の毎日だったかもしれないケド、そこには猫の幸せってもんがあったンダヨ。そうあの日まではネ。

　確カニ ソウイウモノガ、フクシマニモ アッタンダ……。

ある猫の保護地。森の向こうが福島第一原子力発電所。

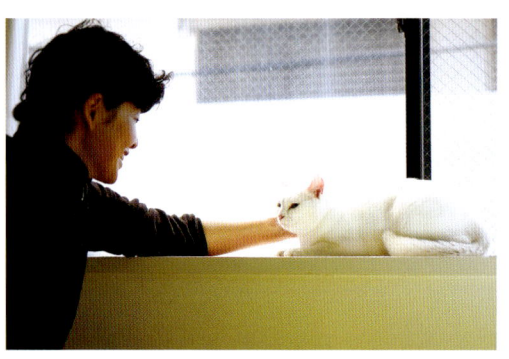

● ミー
メス　4歳
2011年6月、
南相馬市小高区
保護

あの日の朝、2匹の猫が生まれた。

母猫の名前はミー。畳屋を営む老夫婦に飼われていた。

あの日、押し寄せる津波から命辛々逃げ出す老夫婦は、生まれたばかりの子猫をくわえて二階へと避難するミーの姿を目にしている。

その後、避難所で過ごす老夫婦は、置き去りにした猫への思いをある新聞記者に訴えた。その記事をきっかけに被災動物の救助をはじめたひとりの女性がいた。

6月、泥だらけで真っ黒になった親子猫を保護。3匹はひどい臭いもして傷だらけだった。動物の死骸がころがる過酷な環境のなかで、母猫のミーは奇跡的に子猫を守り育て続けていた。

三ヵ月後、老夫婦は体調を整えた3匹と再会する。しかし避難所生活では3匹を引き取ることができない。その時の思いはどうだったろう。

保護後の検査で、母猫のミーは猫白血病と猫エイズ（猫免疫不全ウィルス感染症）の感染を確認。授乳によってだろうか子猫も猫白血病に感染していた。その数ヵ月後、子猫の1匹が白血病を発症して死亡。

ネットで被災猫のことを知った和田さんは、同じ白血病のキャリアの猫を飼っていることもあってミーを引き取ることにした。

和田さんの元には老夫婦から感謝の手紙が届く。その後仮設住宅で亡くなったおばあさんの棺には、和田さんの撮った幸せそうなミーの写真が入れられた。

Mie & Woo

Two kittens were born in the morning on *that* day…
Mie, the mother of the two kittens, lived with an old couple. When the area was hit by the massive tsunami, the old couple barely escaped but they had to leave *Mie* and kittens behind. On their way to the evacuation center, they saw *Mie* moving upstairs with new-born kittens held in her mouth.
Later the old couple told a reporter in the evacuation center how much they missed *Mie*. The news article about them prompted a woman to rescue animals affected by the disaster.
In June *Mie* and kittens were rescued, all muddy and dirty. *Mie* managed to bring up kittens even in the harsh environment. After three months, the old couple finally reunited with *Mie* and kittens, but they are unable to live together due to the housing problem. It is beyond imagination how much they felt torn and disappointed.
Later in check-up, three cats were found infected with feline immunodeficiency virus and leukemia, and leukemia transmitted to two kittens probably due to feeding. One of kittens died from leukemia after several months. Ms. Wada, who came to know about affected animals in online information, decided to adopt *Mie* as she keeps a cat carrying feline leukemia. The old couple expressed their deep gratitude in a thanks letter to Ms. Wada.

The old lady, who passed away later in a temporary house, departed with a photo of *Mie* happily living with Ms. Wada.

●ウー
メス　2歳
2011年6月、
南相馬市小高区
保護

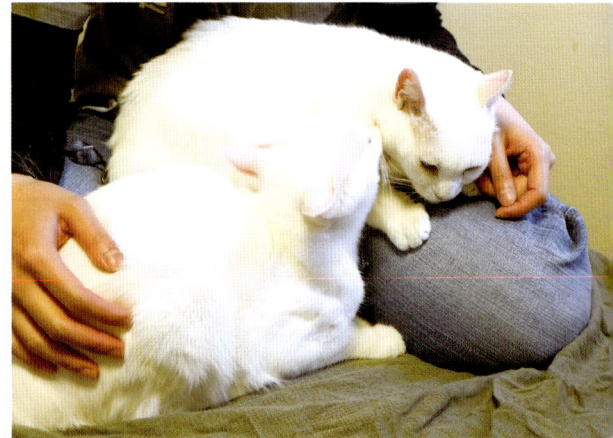

Mie & Woo

One of two kittens was named *Woo*. After *Mie* was adopted, she lived alone in the temporary animal home for about a year. Infected with feline leukemia without established treatment, *Woo* was isolated in a cage to prevent transmission to other cats. *Woo* kept staying under the blanket as if she refused contact with others. People around her wished to find an adopter at the earliest possible opportunity before her limited life is over.
In the meanwhile Ms. Wada, who adopted *Mie*, contacted the temporary animal home to seek possibility of adoption. *Woo* finally left the cage to live with her mother.

残された子猫のウーには一年間、里親が見つからなかった。猫の白血病は人には感染しないが、猫同士だと簡単に感染し根幹治療法がない。ウーは託児所*で他の猫と触れ合わないようにケージの中で過さざるをえなかった。

譲渡会で見かけたその頃のウーは、毛布にもぐり人とも顔を合わせず、とても弱々しく見えた。時限爆弾つきの命だから、一日も早く幸せに過ごせる環境をと切望されていた。

そんな中、ミーの里親の和田さんから先住猫が亡くなったので、まだ里親が見つからないのならウーを引き取りたいと連絡が入る。ウーはようやくケージから解放され、親猫のミーとともに生きることになった。

*託児所＝被災猫の一時的な保護場所。詳細は43頁を参照

●キキ
メス 3歳
2011年12月、
南相馬市小高区
保護

Kiki

"...And I saw her swept away by tsunami on the desk..."
The woman told the story in tears and asked Koenji Nyandollarz members to rescue *Kiki*. She witnessed her cat in danger on her way of evacuation. She led her old mother by the hand and held her own pacemaker by the other hand.
After three months in December, Nyandollarz members finally found *Kiki*. Her voice went hoarse...probably due to her continued efforts to find her owner.
Kiki's family plans to rebuild their house in a few years. Since the family has the strong intention to live with *Kiki* again by that time, she is waiting for them in the temporary animal home.

キキは机に乗ったまま津波に流されていった……

「(同居の)おばあさんの手を引き、反対の手で(自分の)心臓のペースメーカーを持っていた私の目の前を、キキは机に乗ったまま津波に流されていった……」

前頁のミーとウーを連れて老夫婦の仮設住宅を訪れた高円寺ニャンダラーズの隊員に、キキの飼い主が泣きながら保護依頼をする。

それから三ヵ月後の12月、キキが見つかった。鳴き声がすっかりしわがれていた。必死に飼い主を探して鳴き続けていたのだろうか。

キキの飼い主は、二〜三年後には自宅のあった場所に家を建て直して故郷に帰る予定でいる。家族会議の結果、キキをどうしても連れて帰りたい、手放したくないということで、それまでの間、キキは託児所預かりとなった。

虎三郎は保護依頼を受けた猫ではない。仕掛けた捕獲器に、偶然掛かった猫だ。獣医師いわく、おそらく震災後の第一世代の猫だろうとのこと。だから人のぬくもりどころか人すら知らない。

保護した場所はカラスの集団が多く、犬猫の骨が散乱している地域。

子猫が生き残るのは到底無理だと思われる場所だった。

託児所では人との生活の訓練もしている。それでも虎三郎の人への警戒心はいっこうになくならなかった。それどころか、里親の松浦さんの先住猫にも大けがを負わせる。その話を聞いたニャンダラーズは、虎三郎の引き取りを申し出たが、松浦さんはもう少しようすを見ることにした。隊員たちは感謝の気持ちでいっぱいだった。

その後、愛情深い松浦さんの元で虎三郎は少しずつ落ち着きを取り戻し、今は先住猫の茶太郎とも仲良く暮らしている。

● 虎三郎
オス　2歳未満
2012年3月、
富岡町小浜保護

Kosaburo

Kosaburo was not in the rescue list. He was caught in the trap by chance. Rescue members regard him as a cat in the first post-disaster generation who has never experienced good care of people nor been contact with human. He somehow survived in the worst environment, managing to escape attacks of crows.

Cats in the temporary animal home go through trainings to learn how to get along with people. However, even after trainings, *Kosaburo* remains vigilant against people around. Even during the trial period to live with the Matsuura family, *Kosaburo* made the cat kept by the family badly injured. Nyandollarz suggested the family to take *Kosaburo* back in the temporary animal home, but the family decided to wait and see the situation a little longer. With their loving care, *Kosaburo* finally learned how to behave.

●モス
オス 2〜3歳
2011年6月頃、
富岡駅前の酒屋
で保護

Moss

As Nyandollarz owned no shelter at that time, *Moss* lived in a shelter owned by the other group before he moved in "the temporary animal home" prepared by Nyandollarz when the group is ready to accept offers of adoption.
Actually there was a persistent negative reputation about this shelter. Although he was a gentle cat, *Moss* was in the cage showing the warning sign, "Dangerous! Keep Away." Nyandollarz members found other animals look scared. With the help of evacuated local people, members took back animals (it may sound strange but the regulation allows affected people in evacuation only to take back animals from shelters). Members sincerely wished that *Moss* and other animals overcome the hardship they experienced and find adopters as early as possible.
As you see in photos, he now lives peacefully.

天袋に逃げ込んだモス。

ケージには「触るなキケン」の赤札が…。

モスを保護した頃は、ニャンダラーズには独自の保護場所がなく、とあるシェルターに預けている。その後、一時預かりを協力する人たちも現れ、自前の保護場所「託児所」ができ、預けていたシェルターから引き取ることにした。

シェルターに迎えに行くと、自分たちの保護した猫たちが一様に怯えていたという。しかも、おとなしかったモスのケージには「触るなキケン」の赤札が…。

じつは彼らはそのシェルターのよくない噂を聞きつけて、警戒区域の住人たちの助力を得て連れ戻しに来たのだ（変な話だが、地元民しか引き取れない仕組みになっていた）。つらい思いをしたモスに早く里親を捜して癒してあげたい。隊員たちはそんな思いだった。

その後のモスは写真のとおりである。

● ムサシ
オス　15歳
2011年6月、
浪江町の自宅で
保護

ムサシは15歳の老猫。背骨がごつごつと節ばっている。背中を撫でたとき、その容貌も加わってか、風雪に耐えてきたような何やら重苦しいものが伝わってきた。
ムサシは浪江町の海辺の家で、コジロー という名の兄弟と飼われていた（コジローは震災前に死んでいる）。保護されたとき、ムサシはだれもいない自宅にいて、いつものお気に入りの二階の窓から、ひとり外を眺めていた。

そこは津波で変わり果てた景色。家の中には米や小麦粉などが食い荒らされていた。今でも里親の深澤さんが気をつけていないと、米でも小麦粉でも袋を破いて食べてしまう。エノキ茸を一袋食べて大騒ぎになったこともある。
元の飼い主さんいわく、ぽーっとした猫だったそうだが、深澤さん宅では面倒見のよい兄貴分の猫になっていた。

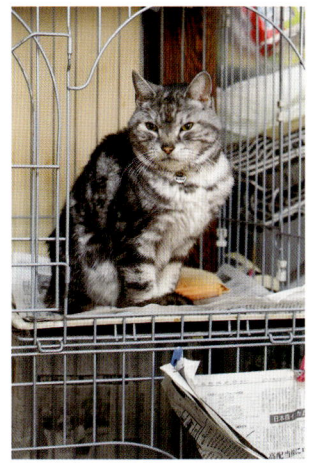

Musashi & Tahbo

Musashi is 15 years old. His rough back tells how he had been weathered hardship. He lived with his brother, Kojiro, near the Pacific coast in the affected area of Fukushima. Kojiro passed away before the great earthquake.
Musashi was rescued in his house when he saw the devastated area from the upstairs... He somehow survived with rice and flour stocked in the kitchen. Even after Ms. Fukazawa adopted him, she needs to watch him not to tear the bag and eat flour.
Through hardship, *Musashi* grew into a caring big brother for other cats.

だんだん眠くなってきた。
撮影中だけど、ゴメン寝……。

● たあ坊
オス　2〜3歳
2012年1月、浪江町街中で保護

体の大きなシャムミックスのたあ坊は、見た目とは逆に甘えん坊のビビリ猫。いつもムサシのあとについて、行動を真似する。そのようすは、まるで子猫のまのようだ。

たあ坊の名は深澤さんがつけた。「あ」から順に呼んで「た」で反応したからだそうだ。甘えん坊らしいピッタリの名前じゃないか。

今でも2匹は地震があると怯えるそうだ。しかも地震が起こる直前に不安そうな仕草をする。そして暗闇を怖がるので、外出時は電気をつけておくという。

Musashi & Tahbo

Tahbo is Siamese-mix. He is big but very shy. As he always follows *Musashi* and does exactly what *Musashi* does, two cats look like father and a child. Ms. Fukazawa named him *"Tahbo"* because he responded well to the sound of *"Ta."* Two cats are still frightened by earthquakes as if they are able to forecast it. Ms. Fukazawa has to turn on the light for them when she goes out so that they are not frightened in darkness.

フクチンのサバイバル生活と救出物語 1
ダレもいなくなった街で

何日か晴れ間が続いたあとのある曇りの日、その日がとつぜんやってキタ。

今日は一日温かいコタツの中で過ごすと決めていた日ダ。とても怖い思いをしたから今でもよく覚えてイル。とつぜんグラッて家がゆれ始メ、そしてグアン！ グアン！。バタンバタンと上からものが落ちてキタ。あまりの怖さに外に出てみれば地面も揺れてイル。ボクはすぐさま地面にペタリと伏せてホフクゼンシン。ソウダ、そこの樹の陰に隠れヨウ。コワイ、どこかに逃げなくちゃとアセル。ボクはあの時、樹の陰に隠れナガラ、世の中の終わりがやってきたと思ッタ。

それが原因だったのかどうかはワカラナイ。何日か経ッテ、とつぜん大好きだった人間たちがみんないなくナッタ。

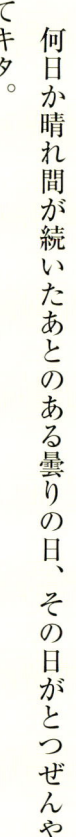

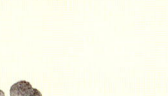

「あのね××チャン。ゲンパツが故障したみたいで、私たちバスに乗って逃げなくちゃいけなくなったみたいなの。バスには動物を乗せられないって言われたからおるすばんね。でもすぐに帰って来るから心配しなくて大丈夫だよ」

ソウ言イノコシテ、ミンナ出カケテイッタ。

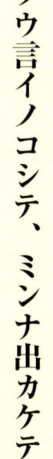

それっきり、あんなにポカポカ温かかったコタツが二度と温かくならなくナッタ。お母サンがボクのために出しておいてくれたカリカリも、じきになくナッタ。みんな帰ってくるのが遅いナァ。そうだ、お友達の家に行ってミヨウ。あの家ならお友達も5匹いるから寂しくナイ。あそこのお婆サンなら前からボクにもご飯を食べさせてくれタシ、そうだソウシヨウ。みんなと一緒にご飯を食べようット。

ボクは通りに出タ。ボクは車が怖いから通りを歩くときはいつも端を歩ク。でもひとりぼっちになってからは車の音がしなくナッテイタ。だから思い切って通りのド真ん中をのんびりと歩くことにシタ。エレット、そこの角を曲ガッテ、あそこの垣根からあの家を横切ったほうが近道ダナ。いつもどおりのミチ。勝手知ったるネコミチダ。

次の通りに出たところデ、うす灰色の真っ平らな地面にヒビが入って土が見えているところがアッタ。ウン、そのうちに草が生えてク

ルケド、今ならおしっこをする場所に使えそうダゾ。そんなことを考えながら通り過ギタ。ン? ムム? 通りの向こうに何かがイル。イヌ? ちがウゾ。初めて見る生き物ダ。警戒態勢。ボクは背骨をまるめ、サッと動けるよう身構エタ。ピンク色の寸胴なその生き物はブヒブヒと叫びナガラ、しきりに地面に鼻を擦り付けて食べ物を探してイタ。ここは君子危うきに近づかずダ。引き返してそっちの建物の脇から行コウ。

ソンナワケデ、イツモノ道ノヨウスガ少シ変ワッテイタ。

ようやく5匹のお友達とお婆サンのいる家に着イタ。フー、お腹がすいたナ。はやくお婆サンのところへ行ってご飯をもらオウ。「ナァー」と大きくひと鳴きしてボクは早足で玄関に向カッタ。閉まってイル。もう一度大きく「ナァー」と声をカケ、扉のガラスの部分を爪で引っ掻イタ。カリカリ、カリカリ。「ナァー」。カリカリ。いつまでたってもお婆サンは玄関を開けてくれナイ。おかしいゾ。いつもなら気づくはずダ。ガラガラっと玄関が開いて「おーおー、遊びにきたかね。さあさっ、寒いからお入んなさい」ってお婆サンが出てくるはずナノニ。

ぐるりと家の周りを廻って、ボクは家に入れる場所を探シタ。この家には離れのように突き出た部屋がアル。かつてはお婆サンの娘さんの部屋だったんだケド、今はすてきな猫部屋になってイル。そこで大きくひと鳴き。

「ネー、ダレモイナイノ？　アケテヨ。ボクダヨ。オナカガヘッテ、ドウニモナラナインダ。ダカラ、オ婆サンニゴ飯ヲモライニキタンダヨ」

ガラス越しにこもった友達の声がシタ。

「オー、オマエカー。ヒサシブリ。イッショニ遊ビタイケド、コッチハ外ニデラレナインダ。オ婆サンガ、トビラヲシメテ出カケテ、帰ッテコナインダヨ。ゴ飯ト水ハイッパイアルケド、キミハ、ハイレナイダロ。コマッタモンダナ。ボクタチハ、トイレノ砂ガ、カチカチニカタマッチャウダ。オシッコトウンチデ、トイレノ砂ガ、カチカチニカタマッチャッタンダ。ショウガナイカラ、奥ノヘヤノ、タタミデシテイル。コマッタモンダネ、オタガイニ」

「エッエー、オ婆サンモイナイノカ。ミンナドコニ、イッチャッタンダロウ？　ワカッタヨ。シュウカイジョニイッテ、ゴ飯ガ食ベラレル場所ヲキイテクルネ。ジャ、キミタチハ、オナカハダイジョウブナンダネ。ボクハイクヨ」

猫の集会所をめざしてボクはまた歩きダシタ。こういう時は集会所に行くのが一番ダ。兎にも角にもいろんな情報が聞けるシ、それになんとなくみんなといるだけで安心な気分にナレル。きっと今はだれも不安にもケンカをする気分にもなっていないダロウ。

集会所にはいつもの数の猫が集まってイタ。でもよく見ると顔見知りの猫ばかりじゃナクテ、見かけない猫もたくさん混ざってイル。それでいつもの数になってイル。

"ココデ、ワカッタコト"

・ボクが見かけたピンク色の生き物だけじゃナクテ、ほかにも見たことのない生き物がイル。
・ニオイはあきらかに鳥ナンダガ、ものすごく大きくて走り回るヤツを見たという情報もアリ。
・一部は人間が囲いの中で世話をしていた生き物ラシイ。
・山から下りてきた生き物もイル。こいつらは攻撃的でヤバイ。
・初参加の猫の中ニハ、塩辛い水（？）に流されテ命辛々ここまで逃げてきたものもイタ。
・ソシテ、家の中に閉じ込められた犬や猫もけっこうイテ、食べ物がなくなるとドウニモナラナイ。

ソシテ、人間ヲ見カケタモノハイナイ……。

被災者と猫たち、そして高円寺ニャンダラーズ

取材中、何人もの被災者の方から、二、三日の避難だからと言われ、とりあえずの手荷物だけで避難させられたという話を聞いた。三十年近くも経つのに、またあのチェルノブイリの事故と同じようなことがここでも繰り返されてしまっている。とどのつまりそうならざるをえないということか。

ところでニャンダラーズの活動は、そんな被災者からの保護依頼で始まる。その活動は捕獲器の設置とともに給餌を行い、依頼猫とその近くに生息する猫たちの生きる望みを繋ぐこと。ほかにも飼い犬の保護や、行き場がなく取り残されている家畜の世話の補助など。生き物に対する無償の奉仕を行っている。つまりボランティア。

他にも彼ら同様のボランティア活動をする団体がいくつもある。彼らの多くは自分たちの活動を誇ることもなく、ただ黙々と今も保護活動を続けている。

Chato & Ume

Mr. and Mrs. Kanno used to keep ten cats and four dogs. After moving in the temporary house away from their home, they live with two cats, *Chato* and *Ume*, and two dogs. The couple is still looking for other cats.
Even though they have no clear future prospect and currently face several problems with their neighbors, animals give them energy to get by.
On the day I visited Mr. and Mrs. Kanno, volunteer group members held the gathering to view cherry blossoms. It is one of occasions offered to affected people now and then as temporary escapes from stressful daily life. Even after years passed, elderly people get left behind in these houses without permanent measures.

避難前の菅野さん夫婦は、10匹の猫に加え、4匹の犬を飼っていた。故郷を追われた今は仮設住宅で、チャトとウメの2匹の猫と、2匹の犬と一緒に住んでいる。他の猫はまだ見つかっていない。

ここでの生活はあくまで暫定的な仮の住まい。将来の不安は尽きない。最近は地域住民との軋轢も生じてきている。菅野さんが日々元気にやっていくためにはチャトたちが欠かせないだろう。

さて、訪れた日の仮設住宅の広場ではボランティア主催の花見会が行われていた。これもストレスの多い日常から離れられるハレのひととき。抜本的な解決策がないまま、仮設住宅にはお年寄りが取り残されている。

● ウメ
メス　4歳
2011年12月、
富岡町富岡小
学校前保護

● チャト
オス 5歳ぐらい
2011年8月、
富岡町駅前の酒屋
で保護

部屋の壁には、故郷を想いつつ亡くなったおばあさんの書画が飾られている。

● ロッシ

● ストナ

● トッカ

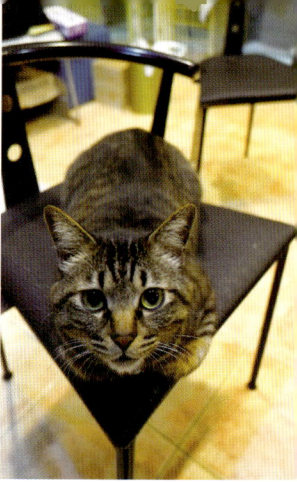

● 美々（左上）
● パンウリ（中央）
● ストナ（右下）

● アガシ

● ナナ

● ルキ

少しずつ猫たちを連れ出した。

被災者自身が警戒区域から飼い猫を保護してくることも、もちろんある。11匹の猫と数匹の犬を飼う村尾さんもそうだ。避難したあと、制止する警察官との衝突も辞せず、猫たちの餌を持って立ち入り禁止になった自宅に通い、少しずつ猫たちを連れ出した。

村尾さんが住む被災者向けの借り上げ住宅は猫たちの楽園だ。みな自由気ままにやっている。村尾さんたち人間も、自由気ままに楽しくやっているように迎えてくれた。

もちろん人間には不便な仮住まいなのかもしれない、それでもこの状態が永遠に続くならば幸せだと、思わずにはいられない何かが感じられた。

美々（手前）とストナ（椅子の上）

手前の後ろ姿が珠々（じゅじゅ）、中央右がアガシ、その左奥がナナ。村尾さんに抱かれているのはこの近所で保護したパンウリ。

● ハチ

● アトム

Agashi & 10 Cats

Some affected people rescue cats from the restricted area by themselves. Ms. Murao is one of them who keeps 11 cats and several dogs. She entered her house in the restricted area for several times through tight security and against inhibitions to feed and bring back her animals one after another.

Until now her temporary house has turned into the paradise for cats. They all enjoy their life in their way under the wing of Ms. Murao. There surely is inconvenience in life in temporary houses. Still this place has something convincing us to be the best and final home for cats.

Tama & Shiro

"They are surely what my wife and I live for," said Mr. Takemura about their two cats, girly Tama and Shiro with squinted eyes.
"They are two of four kittens born just in front of our house. Since we lost our dog immediately before that, we decided to keep them. On March 12, we evacuated following the fire department advice. We thought it temporarily just for a couple of days. However, it became extended and we regret that we left our cats behind. So we are very grateful for people who rescued our cats."
The Takemuras live happily and positively toward the bright future.

シロ（左）とタマ（右）

タマ

● タマ
メス　3歳
2011年10月、
富岡町の自宅庭
で保護

● シロ
オス　3歳
2012年12月、
富岡町小浜保護

「避難生活のなか、ペットは心の支えになってくれる」

と話す竹村さん夫婦。見るからに女の子らしい顔つきのタマと、歌舞伎のにらみのような藪にらみのシロは兄弟猫だ。

「この子たちは家の前で生まれた4匹の子猫のうちの2匹。ちょうど長年飼っていた犬が死んだあとだったので、私たちが飼うことにしたんです。私たちは3月12日に消防署の勧告があって避難したのですが、その時は二、三日で帰れるものとばかり思っていました。でもそれっきり戻れず……。2匹を置いて来たことをずっと悔やんでいました。見つけてもらえてほんとうによかった」

笑顔の絶えない竹村さん夫婦。2匹とともに前向きに人生の再出発を図っている。

● 虎之介
メス　10歳
2011年7月、
富岡町夜ノ森
保護

Toranosuke

Ms. Sato is a perky and frank lady. She rescued *Toranosuke* by herself when she temporarily went back home. *Toranosuke* appeared in response to her calling, getting all thin.
As Ms. Sato lived in the evacuation center, she was forced to deposit *Toranosuke* in the shelter. Soon after she moved in the temporary house, she started living with *Toranosuke*.
Toranosuke was one of kittens born in the cattle burn of the Satos. Although Ms. Sato took care of them, she did not actually keep them as pets. However, trustful relationship has been built between *Toranosuke* and Ms. Sato.

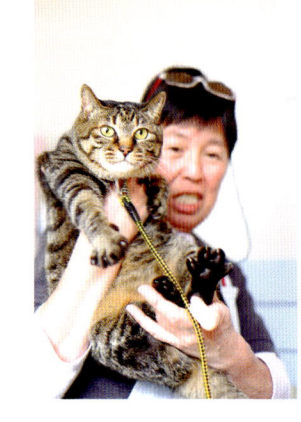

チャキチャキの江戸っ子のような佐藤さん。一時帰宅をしたときに自分で虎之介を保護した。

呼びかけただけで寄って来たという。

その時の虎之介はげそげそに痩せていて首輪がゆるゆるの状態だった。当時、避難所生活だった佐藤さんは、虎之介をシェルターに預けるしかなく、半年後にようやくペットの飼える仮設住宅に移ると、すぐさま虎之介を引き取って一緒に暮らし始めた。

じつは虎之介は、佐藤さんの牛舎で生まれた子猫のうちの1匹で、外猫として餌をあげていた。飼い猫じゃないと言いながらも、信頼しあう姿が見てとれた。

● ビビ
オス 3歳
2012年3月、
富岡町夜ノ森
保護

Vivi

ViVi was left behind on the roof soon after he was born. On the way of evacuation, he ran away from the car. Since then, Mrs. Furukawa had been looking for him.
One day she found an article about a person reunited with the dog thanks to the online rescued animal information. She also looked up online…and found the information of *Vivi*! She rushed to the temporary animal home in Tokyo to pick him up. Firstly *Vivi* was kept in the office where Mrs. Furukawa works. The reunion with *Vivi* made Mr. and Mrs. Furukawa move forward positively to rebuild their life. After a while, they moved in a new house with *Vivi*.

屋根の上で生まれ、母猫に置き去りにされたビビ。避難の際に、今度は車から逃走した。古川さんはその日以来、ずっとビビを探していた。

ある日古川さんは、ネットの保護動物情報から愛犬と再会を果たしたという新聞記事を見つける。そして自らネットで探し始める……。

ビビがいた！ すでに保護されていた！ すぐに東京まで迎えにいった。当時の古川さんはビビを飼える環境ではなく、勤め先の事務所に好意でビビを置いてもらう。その後、古川さん夫婦は生活を立て直すべく動き始め、引っ越しもした。

そして、またビビとの新しい生活が始まった。

避難後も月に一度は
レオを探しに戻ったお父さん。

レオは捜索中のニャンダラーズの前に突然現れて保護され、無事に横田さんの元に戻ることができた。
レオはほのかチャンと大の仲良し。今はおっとりとした甘えん坊のレオだが、福島では木登りをし、カラスと戦い、鳥も食べるし鼠も捕まえる、なかなかの野生児だったそうだ。
お父さんは地元の消防団員だった。海での捜索中に原発の爆発事故が起こった。それでも当初はさほど危機感はなかったという。テレビのニュースで徐々に避難区域が広がるのを見て、慌てて家族4人で避難。転々と避難先を変え、現在の地に落ち着いた。
山際にあった自宅は線量が高く、もう戻ることは難しいと考えている。レオも戻り、家族全員で再スタートをきった。

● レオ
オス 3〜4歳
2011年12月、
南相馬市小高区
保護

Leo
Nyandollarz members found and rescued *Leo* by chance and sent back to the Yokotas. *Leo* specially gets along well with Honoka-chan, the youngest of the family. He used to live a wild life in Fukushima, climbing trees, fighting with craws and catching birds and mice to feed, although he lives peacefully now.
The father was a firefighter. While he was searching missing people in the sea, the accident occurred in the nuclear plant. He didn't feel alarm very much at the beginning. Later he learned the news that the restricted area was gradually expanding, he decided to move away from the hometown with his family. After several moves, the family settled in the place they live now. Before finding *Leo*, the father used to go back home for search at least once a month.
Because their hometown is highly contaminated with radiation, they may not be able to go back there. Reunited with *Leo*, the family moved forward to start the new life.

レオは大きくて、ほのかちゃんが抱っこするのは大変だ。お母さんがさりげなく後ろから右手を回して支えている。

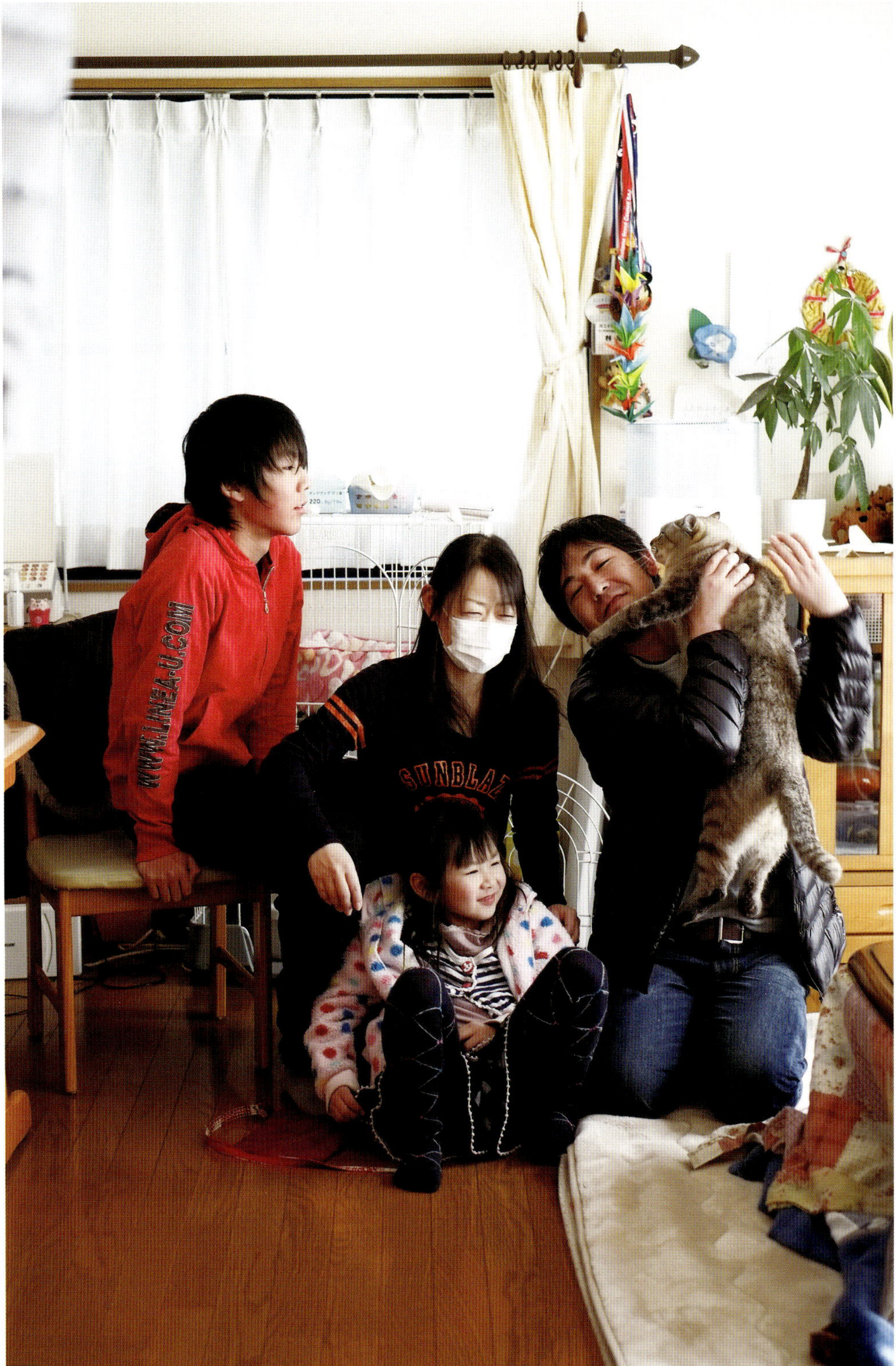
WWW.LINEA-U.COM
SUNBLAZ

震災後三日経って、ようやく単身赴任のご主人と連絡がとれた佐々木さん。「なんで?」と思いながらも、子供を連れてご主人の赴任先へ急いで向かうことに。姿が見えなかったソラは仕方なく置いてきた。その後、ソラを探しに戻るが見つからない。

佐々木さんはソラを思いつつ、黒猫の描かれている毛布を買った。でもソラのことは家族の間では禁句だった。

「半年以上も経ってから、ボランティアの方がソラを保護して届けてくれた。以前はお腹のところどころにあった白い毛が、気がついたら大きくなってハート形に。ソラは赤ちゃん帰りをしたみたいに、すっかり甘えん坊になった。福島の家からは何も持って来れなかったけど、ソラが戻ってきただけでうれしい」

と佐々木さんは今の気持ちをそう話してくれた。

Sora

After three days passed since the great earthquake, Mrs. Sasaki was finally in touch with her husband. Although she didn't exactly know the reason why, she hastily went with children to the place where her husband works. *Sora* was left behind because he was not around at that time. Since then, he had been missing for long. One day Mrs. Sasaki bought a blanket with the pattern of black cats as it reminded her of Sora.

After six months or more, *Sora* was rescued by a pet rescue group and came back to the family. He had white spots in his tummy that have grown into a big heart-shaped dapple. Being alone for long, he often demands affection to family members. The reunion with *Sora* gave the greatest happiness to the Sasakis although all the other belongings of them are still at home in Fukushima.

●ソラ
オス　3歳
2011年10月、浪江町川添南上ノ原保護

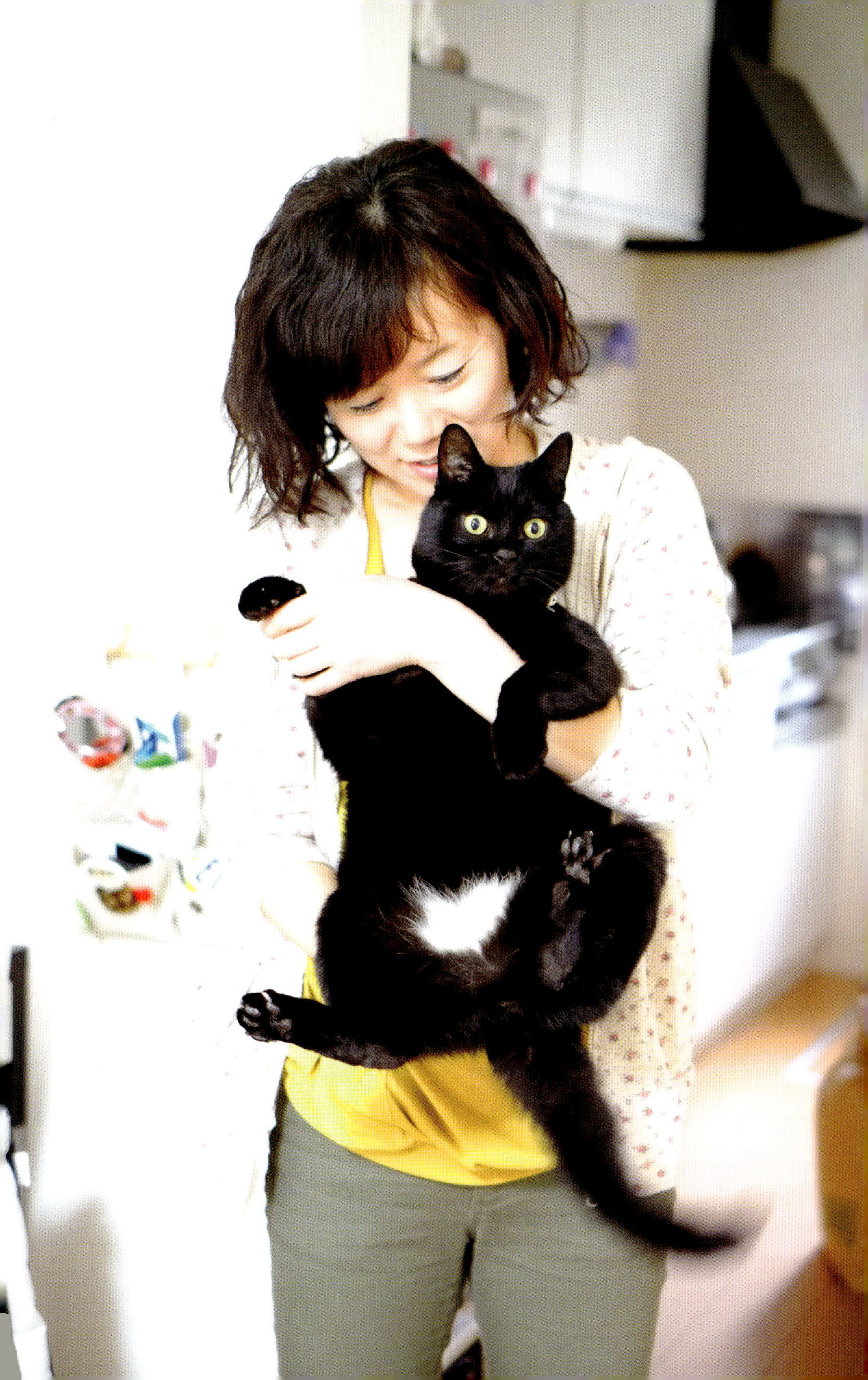

3匹の里親の伊澤さんは、じつは高円寺ニャンダラーズの一員だ。

つまり、自ら被災地に入り保護活動をしている。

伊澤さんは震災の数日前に自分の愛猫を病気で亡くしている。震災後、その最期を看とれなかったことを悔いながら、震災復興の人道支援を始めた。そこで原発被災動物を救う活動をする人たちと出会う。「これって僕にとって縁でしょ。原発事故の責任は動物たちにはない。人間が犯した罪悪の責任を果たさなければと思い、自分も動物の保護活動を始めたんだ」と伊澤さんは言う。

3匹とも、自宅で一時預かりをし、結局、手放せなくなったそうだ。

● ラビ
メス
推定3歳以上
2011年8月、
富岡町小良ヶ浜
保護

Rabi, Poco & Ame

Three cats were adopted by Mr. Izawa, an active member of Koenji Nyandollarz. He lost his cat from illness just four days before the great earthquake. His deep regret for the lonely death of his cat drove him to start humanitarian support activities for disaster-affected people. Through such activities, he met volunteer people rescuing pet animals abandoned due to the nuclear accident. "I felt linked to them by fate. Because pet animals have nothing to do with the nuclear accident, I got involved in rescue activities for the atonement."
Three cats were accepted only for temporarily, but now he feels it unbearable to be parted from them.

● ポコ
オス 3〜4歳
2012年3月、
富岡町大菅蛇谷須
保護

後ろの絵は、震災4日前に亡くなった猫を描いたもの。

● あめ
メス 1歳弱
2012年6月、
楢葉町木戸郵便局
付近保護

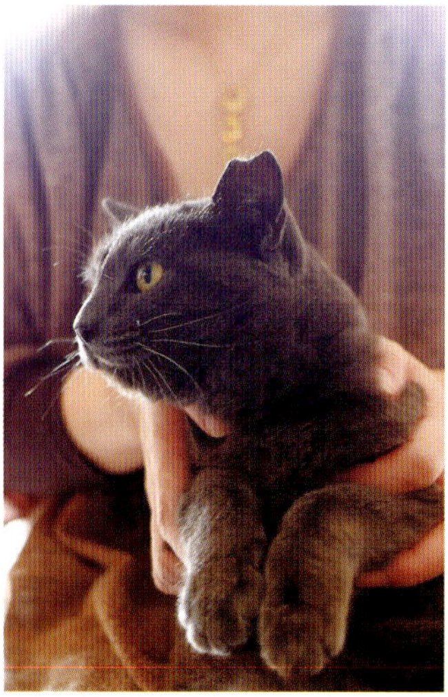
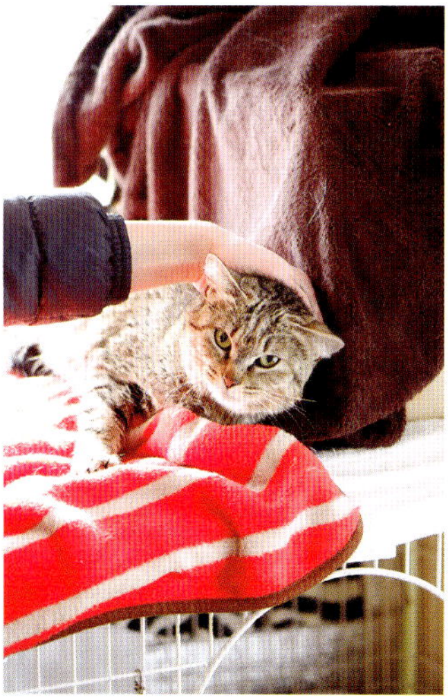
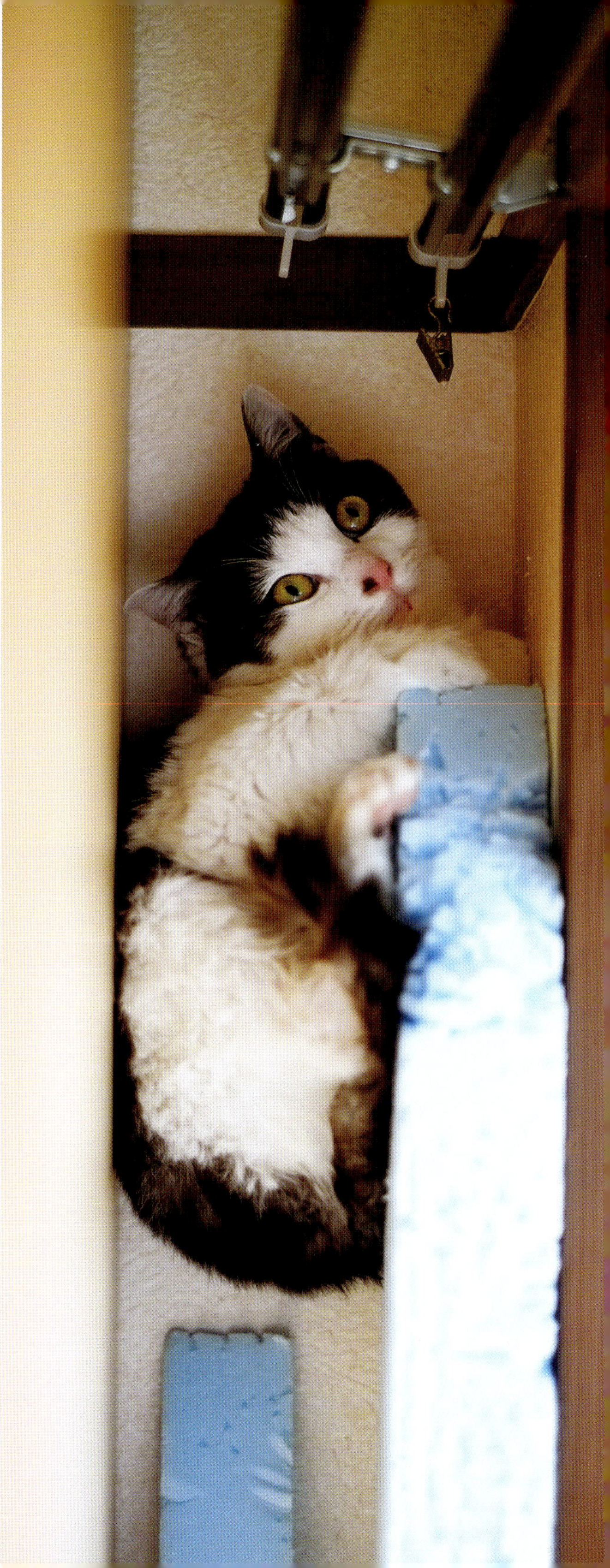

保護猫たちの託児所と協力する獣医師

高円寺ニャンダラーズたちは、自ら保護した猫の一時預かり所のことを託児所と呼んでいる。猫を愛する彼ららしい。

保護した猫は、保護活動に賛同する獣医師の手によって、外傷や病気の検査、ワクチンの接種や虫下しの処置などがされる。そして託児所では、まず保護猫たちを洗うことから始まる。泥だらけで異臭がするものも多いし、何よりも放射性物質が付着している可能性もある。みなシャーフーと大騒ぎだが、二度三度と洗う必要のある猫たちだ。さらに里子に出る猫には、獣医師の手によって不妊手術が施される。

獣医師の名前は太田快作先生。先生はノンフィクション本やマンガにもなった「犬部」の初代代表で、その名は動物好きの方ならば知っている人も多いと思う。動物愛護の精神は学生時代と変わらず健全なまま、新高円寺で動物病院を開業した。ニャンダラーズのよき理解者であり協力者で、ときには隊員たちを叱咤激励して活動を引っ張っている。

託児所の最も重要なことは、猫たちが愛情を注がれながら体力と英気を養い、飼い主が見つかるまでゆっくりと過ごすことができるように気を配ること。過酷な環境下に置かれたことで、心のリハビリが必要な猫たちが多いのだ。

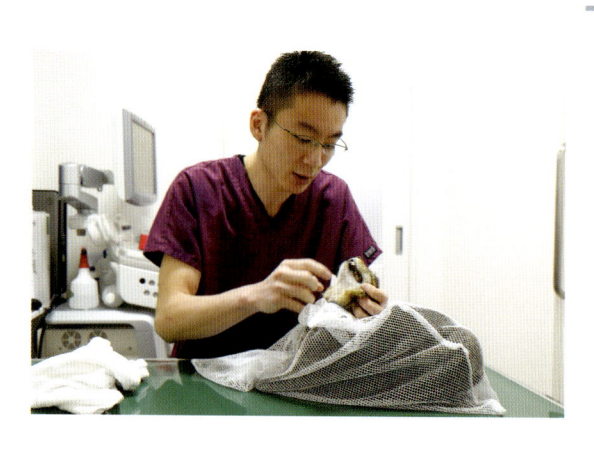

動物の命を救うこと、それが獣医師の仕事

高円寺ニャンダラーズの活動を支える獣医師の太田快作氏。長身ですらりとしたスタイル、青年のような風貌の太田医師は、その動物愛護にかける思いと行動力が凄い。

獣医師の本質は動物の命を救うこと、と言い切る太田医師のハナ動物病院には、団体・個人を問わず、ニャンダラーズ以外にもたくさんの福島被災動物救援ボランティアが、レスキューした動物たちを連れて訪れる。じつはこの本のフクスケも、保護直後に大手術をおこない命を救ったのは太田医師だった。

太田医師は福島猫に限らず、近所の野良猫たちの面倒も見ている。無償で診ることも少なくない。話を伺ったこの日も、大けがをした野良猫を助けた中学生が母親と困り果てた末に、太田医師の噂を聞いて救いを乞う電話をかけてきていた。すぐさま受け入れを決め、「助けるのが獣医師の仕事。子供には良いことをしたと褒めてあげなくっちゃ」と、ご自身も小さな子の親である太田医師はうれしそうだった。

そんな太田医師は、犬猫の殺処分ゼロを目指すNPO法人ゴールゼロの活動をおこなっている。年々少なくなってはいるが、それでも年間17万頭以上の犬猫が殺処分されている日本（平成23年度統計数）。それを六年後のオリンピックの年にはゼロにしたいと考え、行動している。

さくらねこTNRをご存知だろうか。最近片耳の先端が欠けて、言われてみれば桜の花びら型の耳の猫を見かけることが多いと思う。これは不妊手術をして再度放された猫たちの印。猫の繁殖力は強く、1匹の母猫がいれば一年後には50〜70匹になるという。そして捕獲され殺処分になる猫の八割が子猫だそうだ。

たしかにTNRをすることで地域猫の繁殖が抑えられ、無用の殺処分を減らすことができると太田医師は言う。生まれた命を大切にしたいからこそその究極の選択なのだろう。

譲渡会での里親との出会い

心身ともに落ち着きを取り戻した猫は、元の飼い主を探す一方で里親探しの譲渡会に出される。譲渡会は見ているとなかなか楽しい。猫たちの対応もまちまちで、お尻を向けたままじっとしているものや、さかんに愛嬌を振りまく猫もいる。人気なのはもちろん後者で、さらにそれが子猫だと可愛いと歓声があがることが多々ある。訪れる人たちもまちまちだ。毎回やって来て猫を抱くだけで帰る人もいれば、2匹を悩んで決めかねている人、ひと抱きして即決する人など、さまざまだ。

会場ではその場で気に入った猫を連れ帰ることはできない。レスキューした猫たちが幸せに人生ならぬ猫生を送れるよう、里親になってもらうための条件と約束事を確認し、飼育する場所を隊員が確かめてから初めて猫を預ける。その後一ヵ月間のお試し飼い期間を経て、晴れて正式譲渡となる。

フクチンのサバイバル生活と救出物語 2

モウ、ひとりがイヤなんダヨ

それからのボクらはあたりまえのように自分たちの力で生きていくことにナッタ。水道の蛇口からは一滴の水も落ちてコナイ。でもあそこにいくと湧き水があるトカ、あっちに川があるトカ、水はまだ分け合えるケド、食べ物はどうにもならナイ。

みんなどんどん痩せてクル。空からはカラスも襲ってクル。徐々に通りに倒れたまま動かなくなった仲間や犬、その他の生き物をあっちこっちで見かけるようにナッタ。弱いものから倒れてイッタンダ。

ダカラ、キョウソウ。

ボクは5匹のお友達とお婆サンがいた家にもたまにようすを見に訪レタ。5匹いたお友達も食べ物がなくなっテ、1匹、また1匹と数を減らしナガラ、それでも最後の1匹の声が聞こえなくなるマデ、

ずいぶんと長い時間を要シタ。ケッキョクお婆サンは最後まで扉を開けに帰ってきてくれなかったヨウダ……。

それでも春は訪レル。春になれば地面から虫も蛙も蛇も出てきて活動を始メル。それらはボクたちの狩りの標的的にナッタ。それに鳥を獲る技術だって知らない間にずいぶんと上手くなってイル。ソウ、エサが獲れなければ死ぬのはこっちだモノ。ボクたちは数を減らしながらモ、着々と人間に頼らずに生きる術を身につけてイッタンダ。いつからか人間がたまにやってきては、懐かしいカリカリを置いていってくれるようにナッタ。これはありがたいケド、気をつけないとどこかに連れ去られてシマウ。ボクは一度カゴに閉じ込められて半狂乱になって鳴き叫んでいる仲間の猫を見かけたことがアル。あいつはその後どうなったのダロウ。気持ち的にはだんだんと人間をキケンな生き物に分類するようになったのがジジツ。

どのくらいの時間が経ったのダロウ。やってきた春はいつのまにか夏にナリ、そして秋風が吹キ、また辛い冬が訪レタ。そしてボクは野生動物のようニ生きるためにエサと水を求めているうちニ、だんだんと胸の奥に隠されていた本当の本能が目覚メ、思考を止めて生

きることだけに集中シタ。だからそれからのことはあまり覚えてイナイ。言葉で表現できる理屈は存在シナイカラ。

ソウジャナイト生キテイケナイ現実ガ、フクシマニハ、アッタンダ。

ある時、命に関わることがボクに起コッタ。それは突然の出来事でなにがなんだかワカラナイ。とにかく大変なけがを負ってシマッタ。ボクにできることは一生懸命に傷口を舐メテ、体力を使わないように動かないデ、じっと傷が癒えるのを待つコト。他の生き物に見つからないコト。クルシイ。痛いのは我慢ができても息がデキナイ。思いっきり息をしても空気が肺の中に入ラナイ。このままではどうにもならないと思ったそのトキ、ふと記憶が戻ってキタ。ケンカで大けがをしてお母サンに手当をしてもらった時のキオク。仲良しの女の子が心配そうにボクを覗き込んでいた時のキオク。そうだ、あのカリカリがある家に行こう。力をふりしぼって、人間がやって来るあの家にボクはムカッタ。

……。どのくらいの時間が過ぎたダロウカ。まだボクは生きてイル。

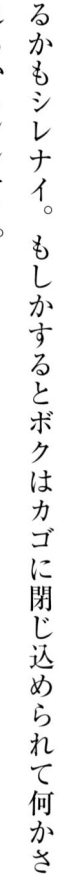

人間はいつやってくるのかワカラナイ。それに怖い人間がやって来るかもシレナイ。もしかするとボクはカゴに閉じ込められて何かされるかもシレナイ。

デモなぜだかここにいるとアンシン。ここにはカリカリがアッテ、水がアッテ、そういうことじゃナクテ、昔の楽しかったことが思い出サレル。家の人が帰ってくるのをただ待っているようなキガスル。それだけでボクはシアワセ。

遠くで車の音がシタ。だんだんと近づいてクル。恐怖感がわきアガリ、ボクはここにいることを少し後悔し始メタ。デモ緊張と息の苦しさで逃げることもできナカッタ。ガラっと扉が開イタ。

「あー、猫ちゃんがいるー！ あれー逃げないの？ どうした？ん？ おまえどっか悪いんじゃないの？ 大丈夫？」

ボクはキチンとお座りをして出迎エタ。そして声をかけてきた人間の眼をまっすぐに見つメタ。その眼には驚いた表情と、優しかった女の子と同じ表情がアッタ。

すっと手が伸びてボクは抱カレタ。久しぶりのヌクモリとアンシンがボクの体に滲んでキタ。相変わらず息はできなかったケド、苦しさが和らいでイッタ。

ボクは引き続き生きていけることにナッタ。車のシャナイ……。人間に抱かれたママ……。

アタタカイ……。アンシン……。

ボクはうつらうつらしながら身を任セル。……。半分意識が遠のいたまま何時間も抱かれて人間のいる世界へと連れてイカレタ。

「この子、だいぶ調子が悪いみたいだけど大丈夫かな？　東京にもどったら早く病院に連れて行ったほうがよさそうだね」

「うん、そうしよう。餌場にいたってことは、とりあえずお腹は減ってはいないと思う。まずは病院だな」

……。ボクは助けてくれたオネーサンと、何匹もの猫たちと、自由に楽しく暮らしてイル。ここには小さい猫たちもやって来ル。ボクはこいつらの面倒を見るのが結構好キダ。横になって抱きかかえるようにして舐めてアゲル。それからオネーサンたちといっしょに映画を見るのが好キダ。一緒にソファーに腰掛け並んで映画を見ル。

イッショナノガ、ウレシイ。

何度目かのジョウトカイ。ジョウトカイとはボクたちがそれぞれケージに入れられ、見知らぬ人たちのいる所に連れて行かれるコト。たまにアル。そこでは、ボクのケージを覗き込む人間にお尻を向けてじっとしていることにしてイル。そうするとまたお家へ帰れて一緒に映画が見られる気がスル。

その次のジョウトカイ。いつものようにお尻を向けて箱座りをして過ゴシタ。ふと後ろが気になって小声で鳴イタ。

タダナントナクネ。

「この子はね。犬みたいな性格。ほんとにいい子ですよ。福島で大けがをしたみたいで、保護時には外傷は治っていたんですけど、横隔膜が破れて内臓が肺を圧迫して呼吸ができなかったんです。それで内臓を元に戻す大手術をしました。もう今は大丈夫」

「そりゃ大変だったんだ。さっきね、寂しそうに後ろを向いてじっと座ったままだったのに、振り向いて声をかけてくれたんだよね」

見学のつもりの僕は、見た目でいうとサビ柄が好きで、飼ったことがなく、しかも戌年だし、何よりも猫は苦手だった。それに犬しか即

決でこいつを飼う決心をした。あの素っ気ないニャーのひと鳴きが決め手だった。

数日後、一ヵ月間のお試し飼いでうちにやってきた時には、すでにフクスケと名前を決めておいた。やってきたフクスケは自分からケージを出て、初めての場所を探索。「おーい」と呼ぶとニャニャニャと言いながらまっすぐにこちらにやってきた。そしてごろっと横になった僕の腕と脇腹の間に挟まって一緒に寝はじめた。フクチンはいつのまにかおすわりを覚え、お手をし、リードを付けて一緒に散歩をし、自転車のカゴに入って移動をするようになった。深夜、ひとりこの原稿を書いているのだが、フクは自分の寝床に入らず椅子の横で寝ている。応援をしているのか、さぼらないよう見張っているのか、はたまた何を思っているのかは不明だが。

イヤイヤ、ボクハモウ、ヒトリガイヤナンダヨ。イッショニ、イキテイコウ。

そんな声が心のうちに聞こえてきた。

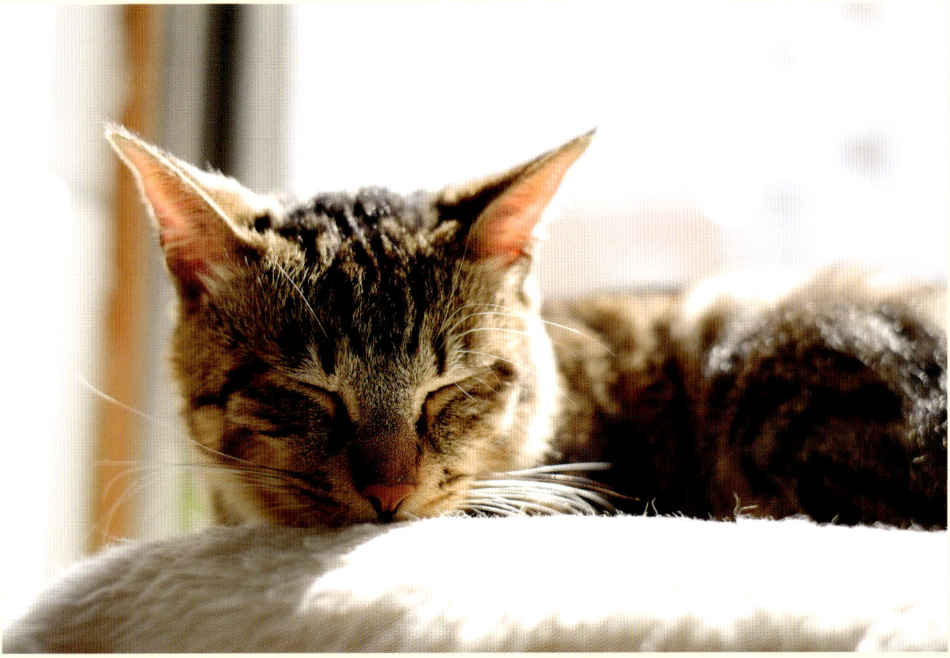

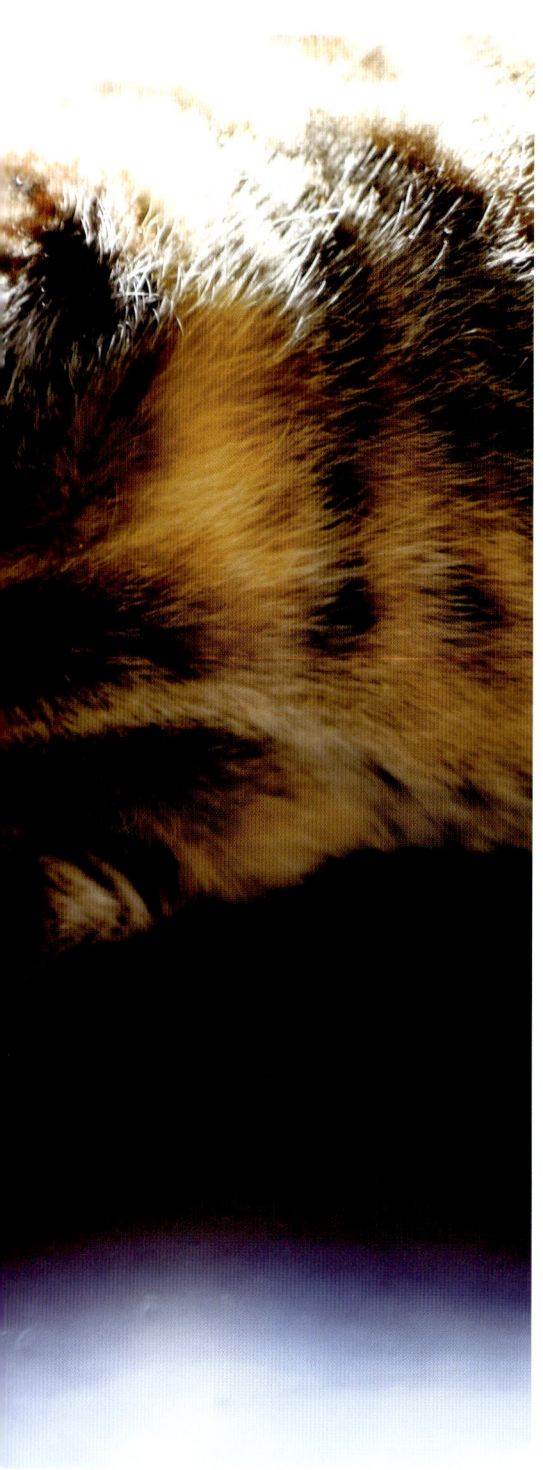

ふたたび
ボクたちは
ぬくもりに包まれて
くらしはじめた

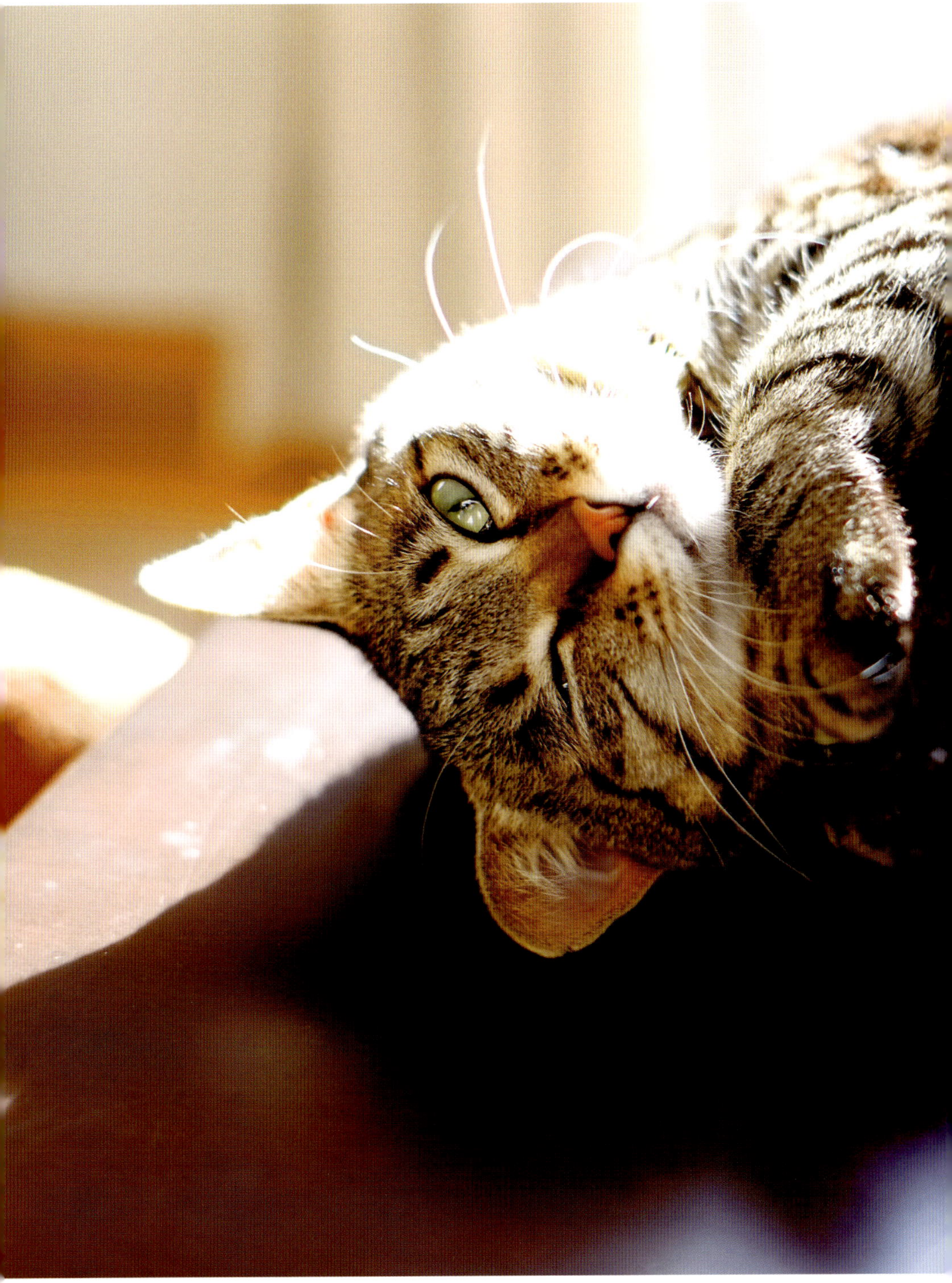

状況を考えればだれでも想像できると思うが、被災地には極端に人恋しい猫とそうじゃない猫がいる。シマは典型的な前者タイプのようだ。現地に入っていたニャンダラーズの前に、

自分からニャーニャーと声をかけてきた。

保護後、シマはしばらくうんちが出ずに回復に手間取ったそうだが、今では腹回りがでっぷりと太くなり、コタツの上で「ヨクキタネー」とポーズをとって出迎えてくれた。

シマはリードをつけて里親のコカルさんといっしょに散歩をする。家の中でも足元をまとわりついて歩いたり、いつも気を引く行為をする。そしてよく食べる。ものおじしない愛嬌たっぷりの猫だ。

● シマ
メス 2〜3歳
2011年10月、
富岡町夜ノ森保護

Shima

People say that cats in affected areas can be roughly divided into two types: those longing affection of people and those not. *Shima* is the one specially longing affection. She approached to Nyandollarz members in a friendly way.

Firstly she suffered from constipation for a long time, but she got her health back and grew bigger. When I visited her, she welcomed us on the table. She eats a lot, walks with her adopter and tries to catch attention of Mrs. Khokhar. She is an outgoing and lovable cat.

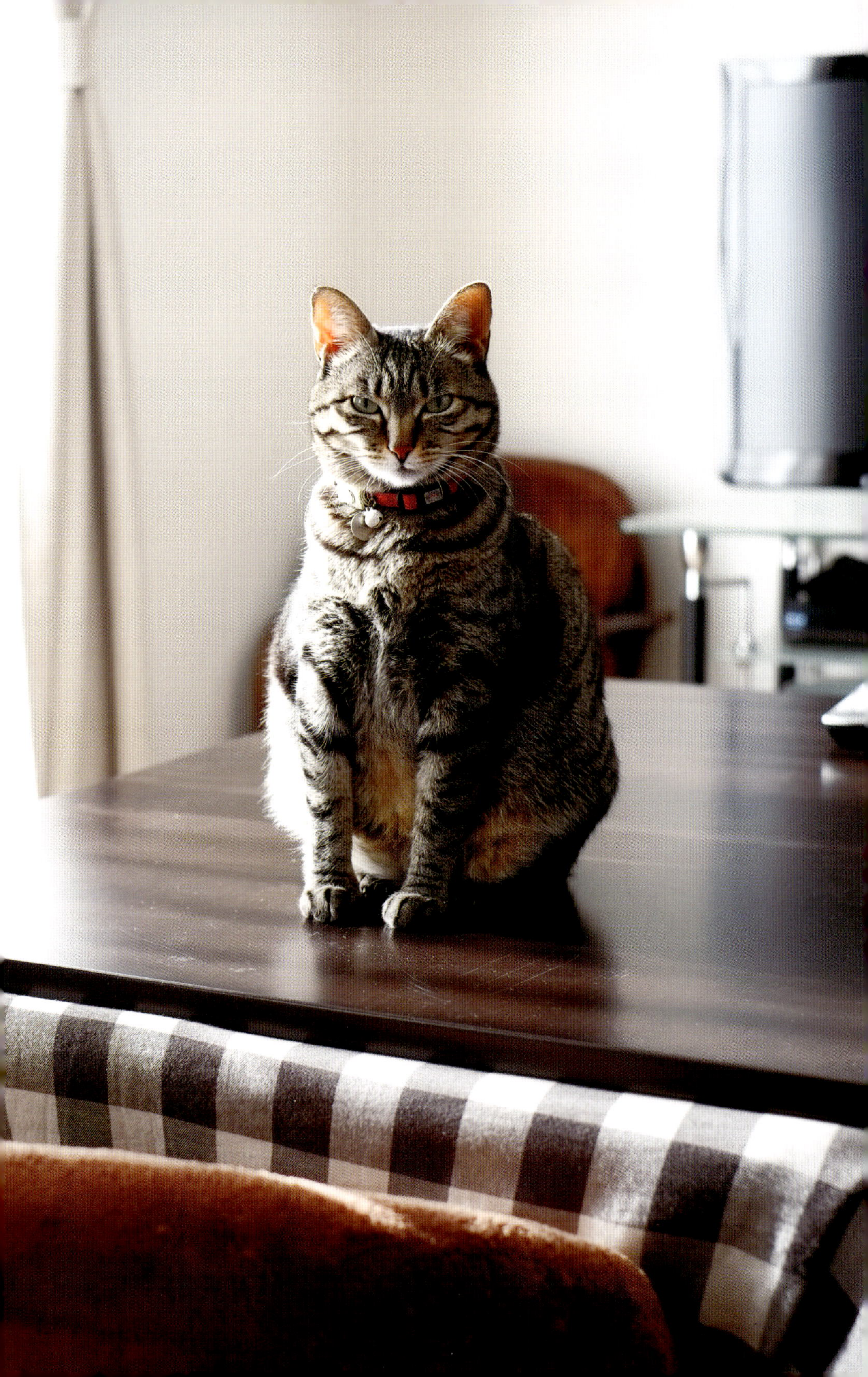

●フク
オス　年齢不明
2011年11月、
富岡町大菅蛇谷
須保護

Fuku

Fuku quietly looked at people with no fear and alarm. He is familiar with people, but hardly fitted in life in the temporary animal home. He had been nervous even after he was adopted by Mrs. Sashida. He refused foods for five days as if he lost his will to live. On the fifth day, she forcefully fed him that brought him back to life. Until now Mrs. Sashida and *Fuku* have built a very close relationship.
While I took photos, I felt a strange feeling. Through the viewfinder, *Fuku* seemed to link my mind…Gee, you are something, *Fuku*!

　フクは静かにじっとこちらを見つめていた。驚いたり怖がったりしているようすもない。保護時からとても人になれた猫だったが、託児所では他の猫と馴染めず、体調もずっとすぐれないようすだったという。指田さんの家にやって来てからも、五日間飲まず食わずを通す。生きるという本能をまったく無視した行動だ。五日目に、むりやり口にキャットフードを押し込まれて、ようやく素直に食べるようになった。
「今は何でもよく食べるようになったし、夜はベッドの中で私にくっついて寝る。甘えてきてくれるんです」
　ところでフクは、カメラを向けると物静かな眼差しを返すだけだが、何やら不思議な感じがした。カメラを通してフクの心にリンクしようとする僕よりも先に、フクが僕の頭の中を覗いたみたいだ。おぬし、なかなかやりますな！

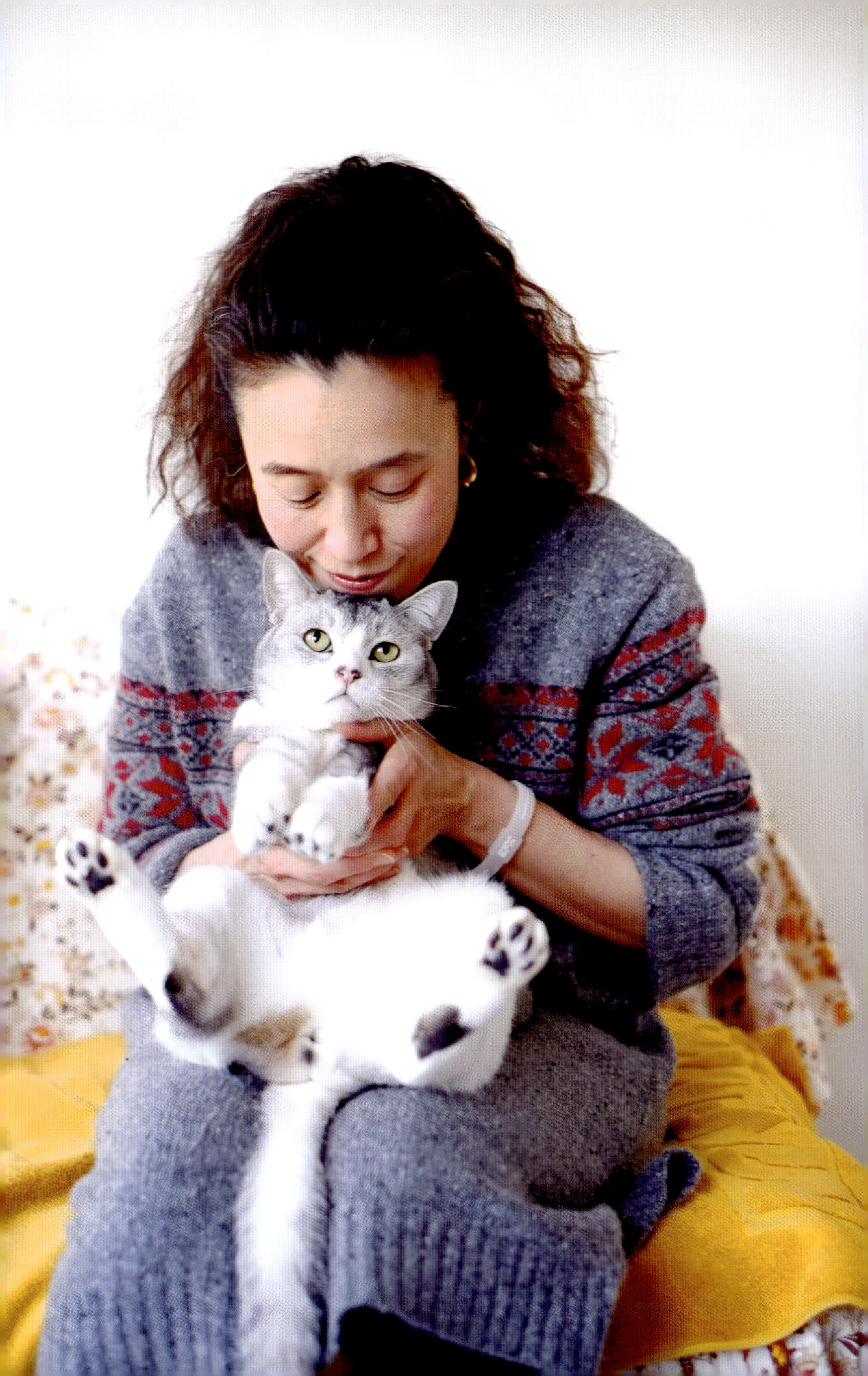

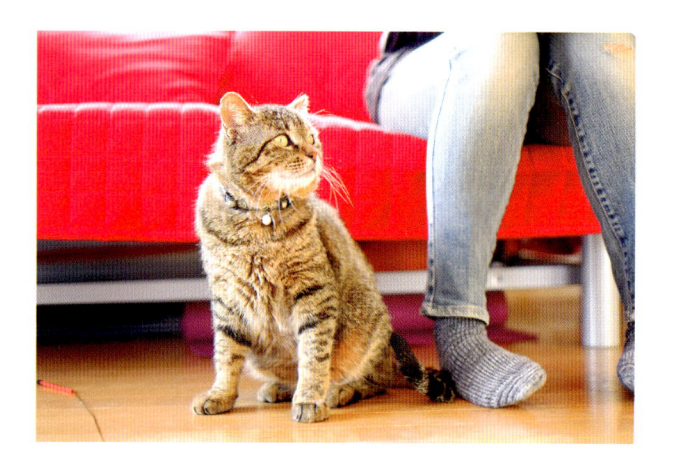

●マイクロフト
オス 2〜3歳
2012年12月28日、
富岡町上郡山清水
保護

Mycroft
Because he is so lovable, people were wondering why his owner had not yet come forward. Mrs. Shimizu named him *Mycroft* after the elder brother of Sherlock Holmes. His paws have grown very hard as if they tell hardship he experienced.
He quickly got used to life in the Shimizus, living actively day to day. He shows his affection to Mrs. Shimizu by lightly biting her arm or following her around. He must be very happy to be with her.

見つけたときからこんなに人なつっこいのに、なんで飼い主が名乗りでないのだろうとみんなが不思議がる。

名前の由来はシャーロックホームズのお兄さんの名前。渋い名だ。「うちに来たときは肉球が固くて驚きました。苦労したんでしょうね」と清水さん。

マイクロフトはやってきた当初からトイレも普通に使い、膝にも乗り、元気に元気に遊んでいるという。カメラの前でも元気いっぱい大暴れ。清水さんの腕にしがみついてがぶり。遊んでもらいたくて、かまってもらいたくて、派手な甘噛みをしてみせた。席を立つと一緒について廻る。二年弱の寂しかった記憶が今でも片隅にあるのだろうか。いや、清水さんと一緒にいるのがうれしくてしかたがないのだろう。

60

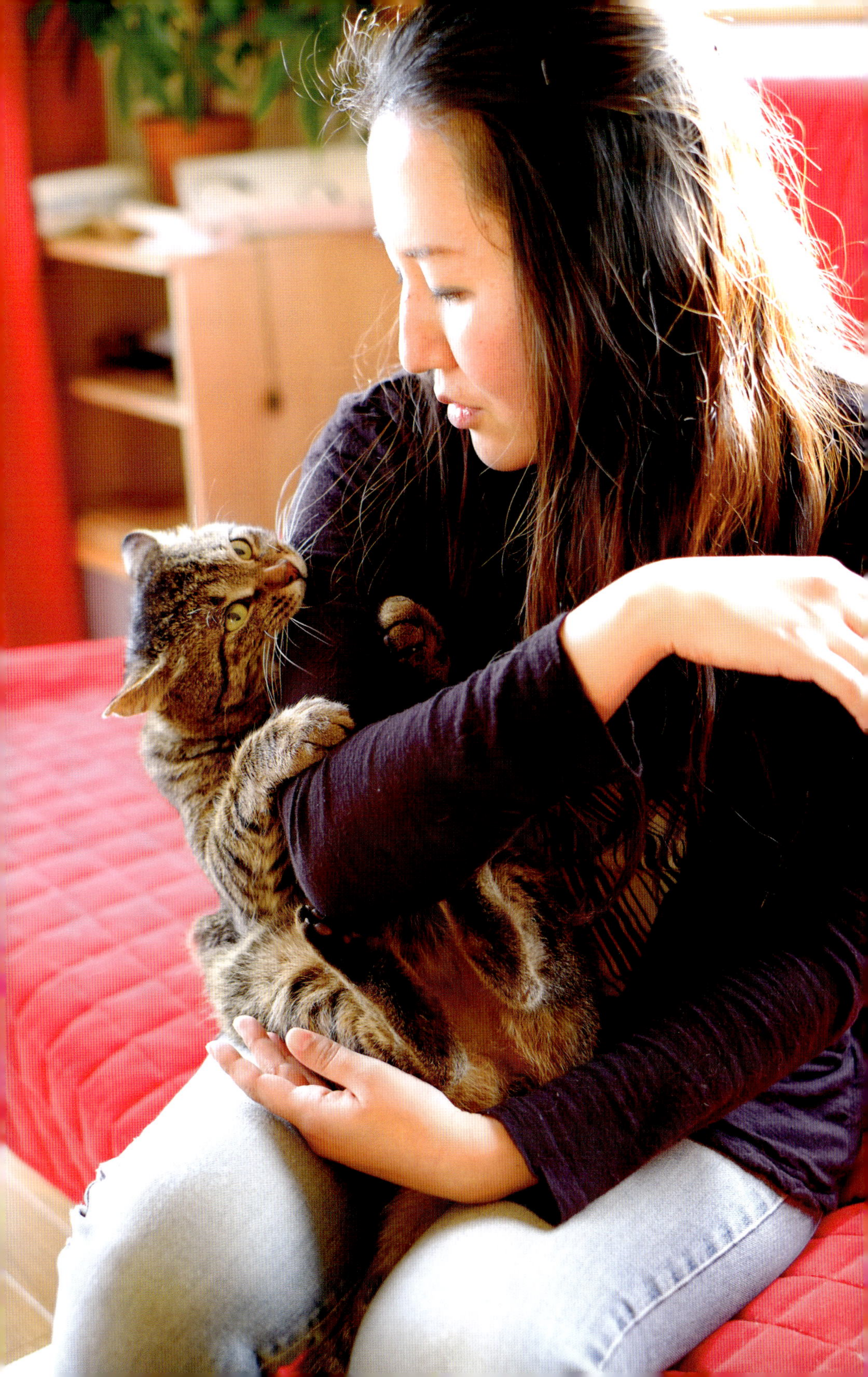

里親の伊東さんは、最初ルルと名付けていた。本気で噛みついてくるルルを伊東さんは心の傷の問題と受け流す。そんな伊東さんのもとで、ルルにとって幸せな生活が始まった。

しばらくして元の飼い主さんが判明。東京まで訪ねて来て涙の対面をする。話し合いの末、ルルは引き続き伊東さんが飼うことに。伊東さんは名前を福島での名前クーに戻す。そして元の飼い主さんの許しを得て、旺盛な食欲のクーに食べたいだけ食べさせることにした。

その後も元の飼い主さんとの親交は続く。

そして今では、クーはでっぷりと大黒様のようなお姿に。

Coo

When Mr. Ito adopted her, he named her *Lulu*. She used to bite him very hardly, but he accepted it because he thought her trauma made her to do so. *Lulu* soon got used to life and became gentle.
Later the family who formerly kept her showed up and they made a dramatic reunion. However, through talks between two families, *Lulu* stays with the Itos. In addition, two families decided to call her *Coo* as she was called in Fukushima, and with permission of her former family, Mr. Ito feeds her as much as she wants. Two families get in touch with each other and *Coo* grows much bigger in the peaceful life.

● クー
メス　10〜12歳
2011年11月頃、
富岡町本岡新夜ノ森
保護

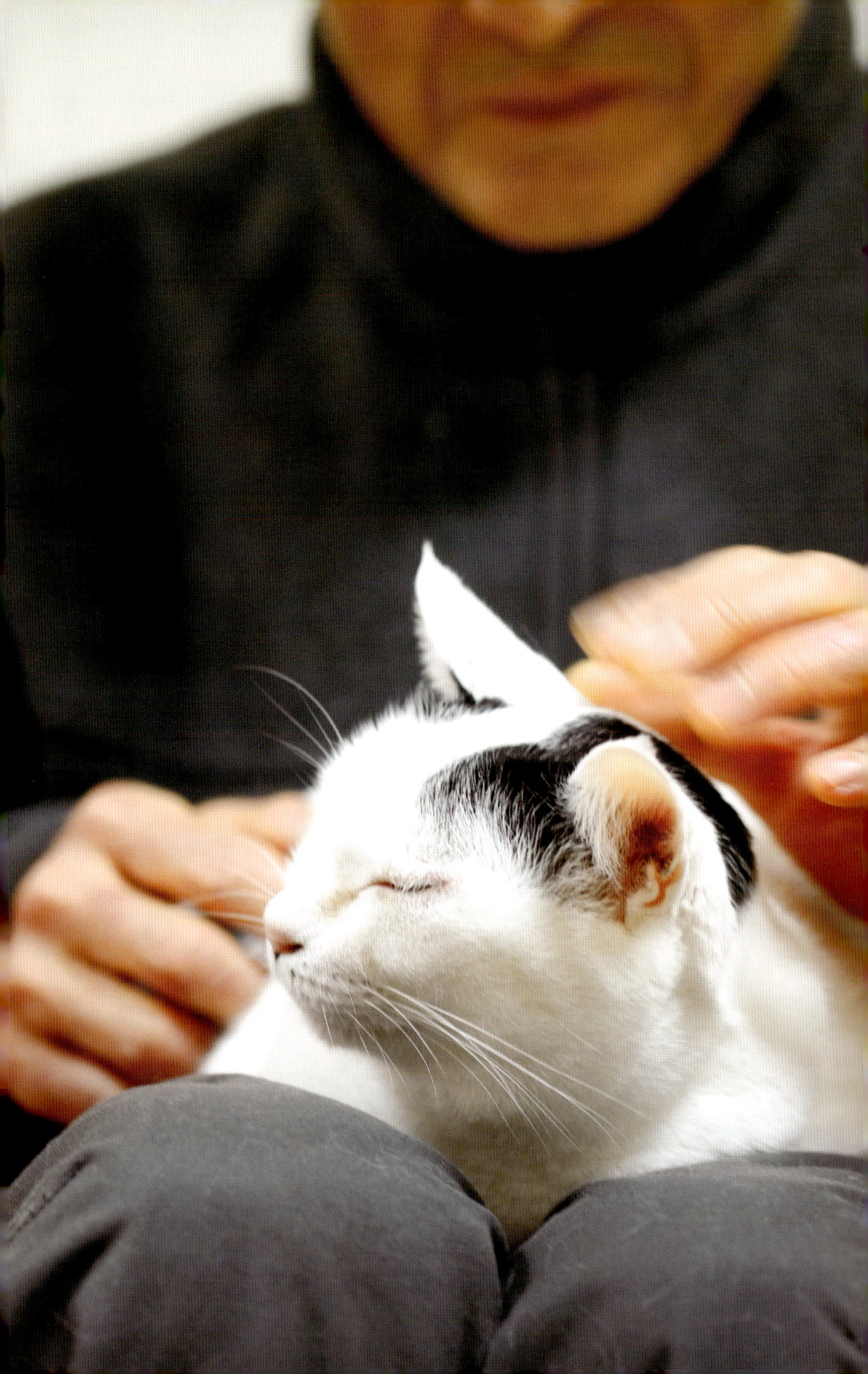

Ah-chan

Her coat is fluffy and sleek. However, her coat was once frizzled up and cropped. According to Nyandollarz members, long-haired cats are bred by human. So they are not able to maintain their own coat, which must be frequently groomed by a human or may be prone to matting.
Ah-chan lives with the Minamidas. The family also keeps a cat and a dog affected by the Great Hanshin Earthquake (occurred in 1997). "*Ah-chan* is originally gentle, but for the first one month she behaved badly, biting me hard or urinating on the floor. I felt she tested my tolerance," said Mrs. Minamida.
Ah-chan recently reunited with her owner family, but with their permission, she officially became a member of the Minamidas.

●あーちゃん
メス　10歳弱
2012年3月、
双葉町水沢前田
保護

ふわふわのあーちゃん。保護時はその毛がフェルトを固めたような状態で、どうにもならずに丸刈りにされている。ニャンダラーズの隊員いわく、長毛の猫は人の手によって作り出されたもので、人の手入れが必要なのだそうだ。

「あーちゃんは、うちにきた当初からおとなしかったです。でも一ヵ月間は思いっきり強く噛んだり、私の前でわざとおしっこをしたりしました。私にはなんとなくあーちゃんが私のことを試しているように思えて」と里親の南田さん。

あーちゃんは、先住の阪神大震災で被災した犬猫と一緒に暮らしている。

最近、あーちゃんの元の飼い主が見つかり、正式に南田さんに譲渡された。元の飼い主さんは、ふわふわのあーちゃんの姿をみてうれしかったでしょうね。

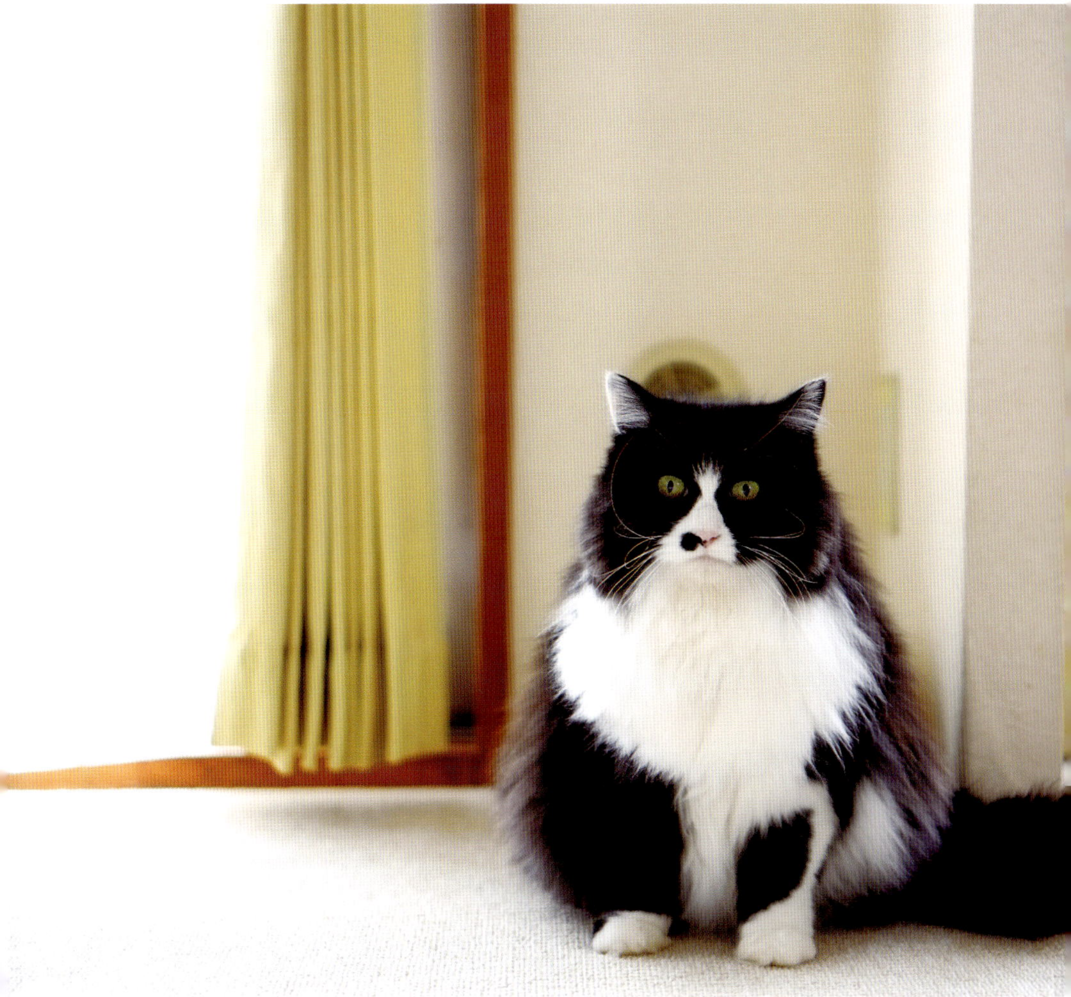

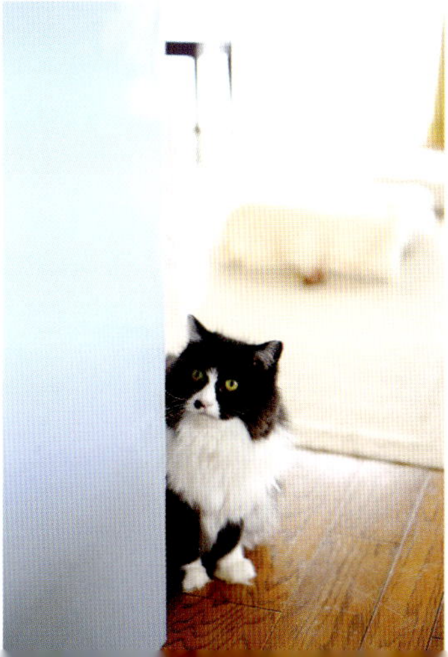

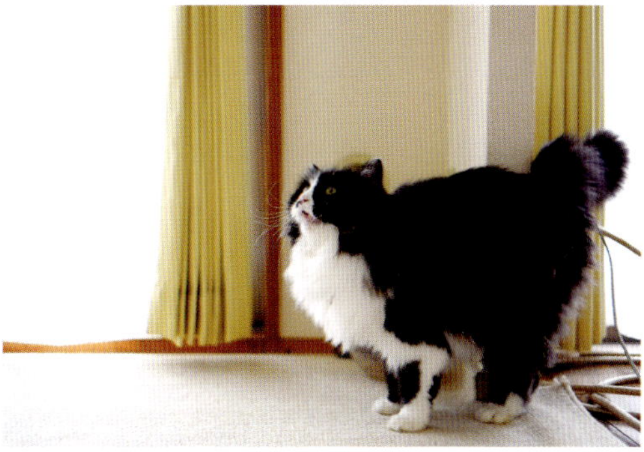

岩崎さんの奥さんの実家は原発3キロ圏内。三代に渡り原発で働いてきた一家だ。奥さんは子猫のときから飼っていたチルを、結婚の際に実家に置いてきた。まさかこんなことになるとは想像すらできなかった。

岩崎さん夫婦の依頼で捜索が始まる。三週間後に犬のメリーを保護。半年も過ぎ、あきらめかけていたときだった。一時帰宅をした父親の前にチルが姿を見せる。集中的にチルの捜索が行われた。その一週間後にようやく保護。今は2匹とも、岩崎さんの家で楽しく暮らしている。

ここは周辺に畑が多く、自然豊かなところ。チルは、鳥を捕まえ、木登りをし、福島にいた時のように、自由気ままに生きている。

● チル
メス　4歳
2011年9月、
大熊町夫沢保護

Chilu

The parents of Mrs. Iwasaki live in the area about three kilo meters away from the nuclear accident site. Her family members have been working in the plant for three generations. Her loving cat, *Chilu*, who lived with her parents, was left behind due to the evacuation order.
With the request of Mr. and Mrs. Iwasaki, volunteer members rescued their dog, Mary, after three weeks. In the sixth months when they almost gave up the search, *Chilu* showed up before Mrs. Iwasaki's father who temporarily returned home. After a week, she was finally rescued. She now lives with the Iwasakis with Mary in a rich natural environment. She enjoys roaming, hunting and climbing trees wildly as she did in Fukushima.

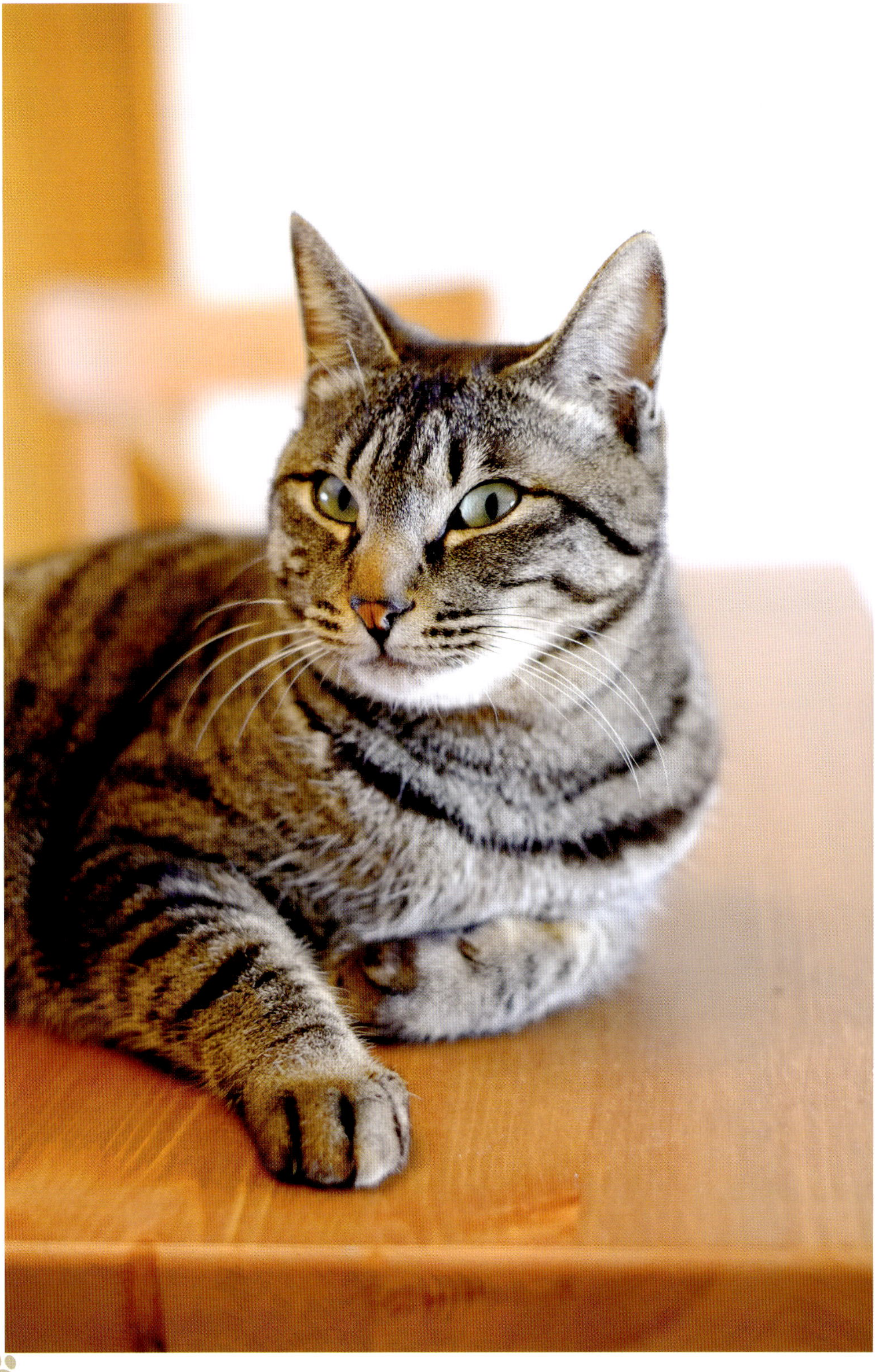

●キナコ
メス
2〜3歳
2012年1月、
南相馬市小高区
保護

ビビリというより
シャイな印象

●ナビ
メス　3歳ぐらい
2011年6月、
楢葉町北田保護

とても穏やかで
賢そう

　撮影で訪れたとき、キナコはコタツの中から一歩も出てこられなかった。そこで僕がコタツの中に頭を突っ込んでの撮影となった。不思議なことに、キナコはビビリというよりもシャイな印象が残っている。普段は元気一杯で渡辺さんに甘えまくっているらしい。渡辺さんはいかに可愛いかを滔々と話してくれた。
　ナビは三毛で小柄なぽっちゃり体型、太めの短い尻尾がいかにも和猫って感じがする。ご近所に避難してきた被災者の方が保護をした。26歳の先住猫と一緒に田辺さんが飼っている。とても穏やかで賢そうで僕のお気に入りの1匹だ。
　オジーちゃんは保護依頼があったにもかかわらず引き取り拒否になった。未だになかなか手強いシャーフー猫だが、なぜだか、猫好きじゃない椿さんのご主人にはなついて、一緒に布団に入って寝るという。当日はご主人の毛布に包まれての撮影となった。

68

●オジーちゃん
メス 8〜9歳
2011年11月、大熊町下野上大野保護

なかなか手強いシャーフー猫

Kinako, Nabi, Ozzi-chan

Kinako kept staying in kotatsu (an electric heater covered with a quilt) when I visited the Watanabes. So, I had to get my head into kotatsu to take photos. She looked very shy rather than timid. Actually she is very active and totally affectionate. Mr. Watanabe poured out how lovable *Kinako* is. *Nabi* is a little, chubby calio cat with the stubby tail. She was rescued by a neighbor of her owner. She lives with 26-year-old cat at the Tanabes. Because she looks very gentle and smart, she is one of my favorites. *Ozzie-chan* was once taken back from the temporary adopter. She has a temper but becomes attached to Mr. Tsubaki who is not actually a cat lover. She always sleeps with him. This photo was taken when she was in Mr. Tsubaki's blanket.

震災後生まれの子猫たち

放射能のリスクを背負いながら、飼い猫を保護してきたニャンダラーズだが、時間とともに捕獲器には子猫も入るようになる。子猫は可愛い。なによりも子猫がいるということは、被災猫たちが元気にしているとの証明でもある。だがここの子猫たちは人を見たことのない、ある意味、野生動物なのだ。

しかし、このままで生き延びられるのか。現地で保護活動をする彼らの苦悩は続く。

● 尼（あま）
メス 5ヵ月
2012年12月、
富岡町地蔵院保護

● 綿（めん）
メス 4ヵ月
2012年12月、
南相馬市小高区保護

猫に限らず、どんな生き物でも子供は可愛い。僕はとくにあの疑いのない純粋な眼にやられてしまう。知恵をつけることが、いかに罪深いことかと……。

さておき可愛い子猫たちの紹介です。尼寺で保護された尼。綿と一緒に三村さんのもとで暮らしている。2匹はまるで兄弟のように見えた。

モモは魚嫌いで鶏肉が好物だと前原さん。山奥の数軒しかない集落で保護された猫なので、当然なのかもしれない。

「ふくは声をかけられと逃げてしまう臆病なところがあったのですが、あるときから私の足の間に入ってくるようになりました」と吉田さん。安心な場所が見つかったみたいだ。

ムムとココも兄弟猫ではない。フリーのウェブデベロッパーの宇根さんは「猫たちと生活するうちに引きずられてすっかり夜更かしになりました。昼、時間があるときは猫たちと一緒にお昼寝をしています」と話をしてくれた。

2匹はまるで兄弟のよう

● モモ
メス　1歳未満
2012年5月、
浪江町井出保護

山奥の数軒しかない集落で保護された

Ama & Menn, Momo, Fuku, Mumu & Coco

Babies of all kinds, regardless of kittens and puppies, are definitely deserving of love. Their innocent eyes make me mushy...and remind me how we grew wicked as we learn more...
Well, here I introduce more cats. *Ama* was rescued at a Buddhist temple and lives with *Menn* at the Mimuras. They look like true sisters. Mrs. Maehara told that *Momo* loves chicken rather than fish, which may be natural for cats grown up in mountainous areas.
Fuku used to hide away when people called her. However, she gradually becomes attached to Mrs. Yoshida.
Mumu and *Coco* are not sisters, either. Ms. Une, their adopter and freelance web developer, says that she often stays up late with cats. She came to adopt her cats' lifestyle, so she sometimes takes a nap with them when time allows.

安心な場所が見つかったみたい

● ふく
メス　7〜8ヵ月
2012年11月、
浪江町加倉保護

72

猫たちに引きずられて
すっかり夜更かしに

● ムム
メス　4〜5ヵ月
2012 年 10 月 頃、
南相馬市小高区保護

● ココ
メス　3〜4ヵ月
2012 年 11 月 頃、
浪江町権現堂保護

ボクたちと
いっしょに
みんなもしあわせ……

ララ子（76-77p）

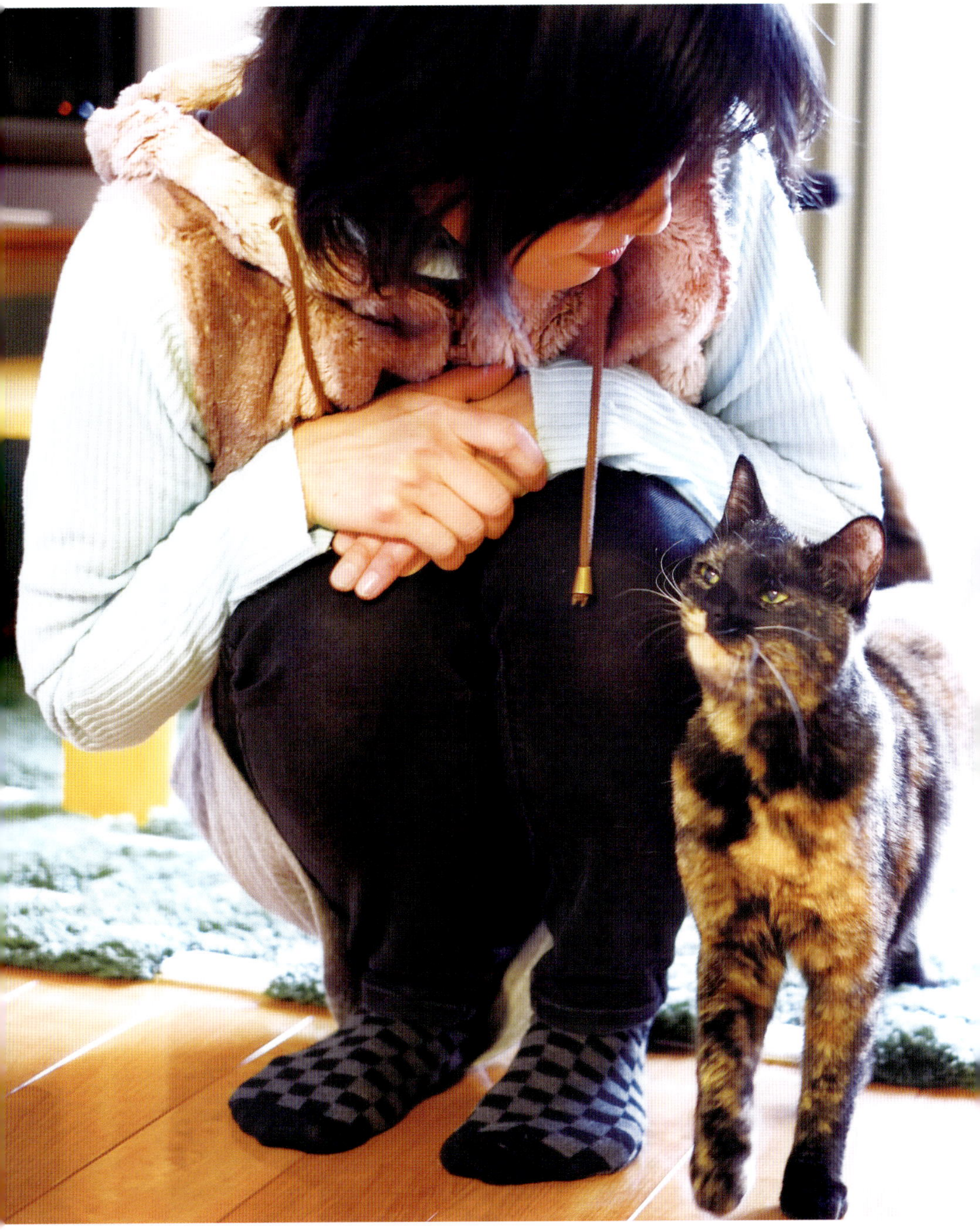

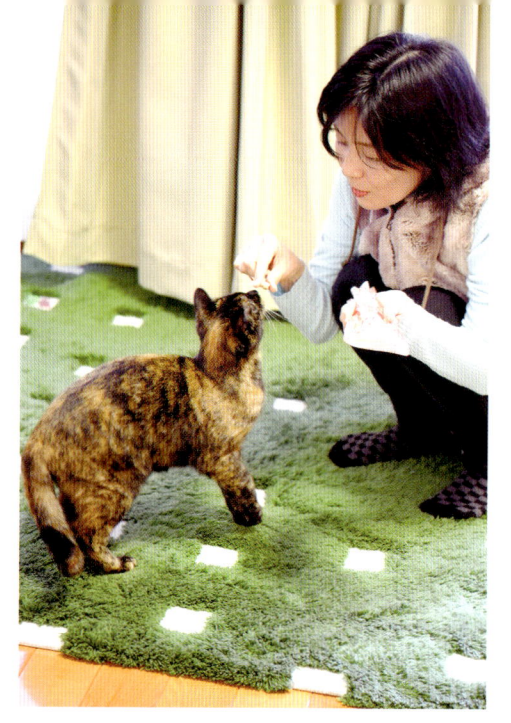

● ララ子
メス　1歳
2012年8月、
浪江町加倉下加
倉保護

Lalako

Tortoiseshell cats are generally gentle. However, it is not the case of *Lalako*… She is extremely active and three temporary adopters turned down to keep her.
Lalako caught the eye of Mrs. Okada by chance in the meeting for seeking adopters. Mrs. Okada picked her up in her arms and instantly fell in love with her. *Lalako* had lice when she was rescued (actually "L" for *Lalako* is given from lice), which caught the attention of the young son of Mrs. Okada who heard about lice infestation at that time. He brings his friends every day to play with *Lalako*. Active Lalako definitely loves playing with kids. Mrs. Okada said that *Lalako* brought happiness to the family.

さび猫はおとなしい性格らしいが、ララ子の場合は……。岡田さんはララ子の三度目の里親。託児所でも珍しいケースだが、一度もララ子は寂しがりやのところがある、と岡田さん。

ララ子との出会いは、猫を飼おうと譲渡会を巡っていたときのこと。

ふと目が合い、抱っこしたら手放せなくなったそうだ。

ところで、ララ子は保護時にシラミがいたことから「ラ」の字をとってつけられた仮の名前だった。ところが小学生の息子さんはその名が気に入った。

「学校でシラミが流行ったことがあって、それで親近感を覚えたみたい。毎日のようにお友だちを連れてきてララ子と遊んでいます」

元気なララ子にはピッタリの境遇だ。

「この子がやって来て、我が家は本当に楽しい毎日を送っています」

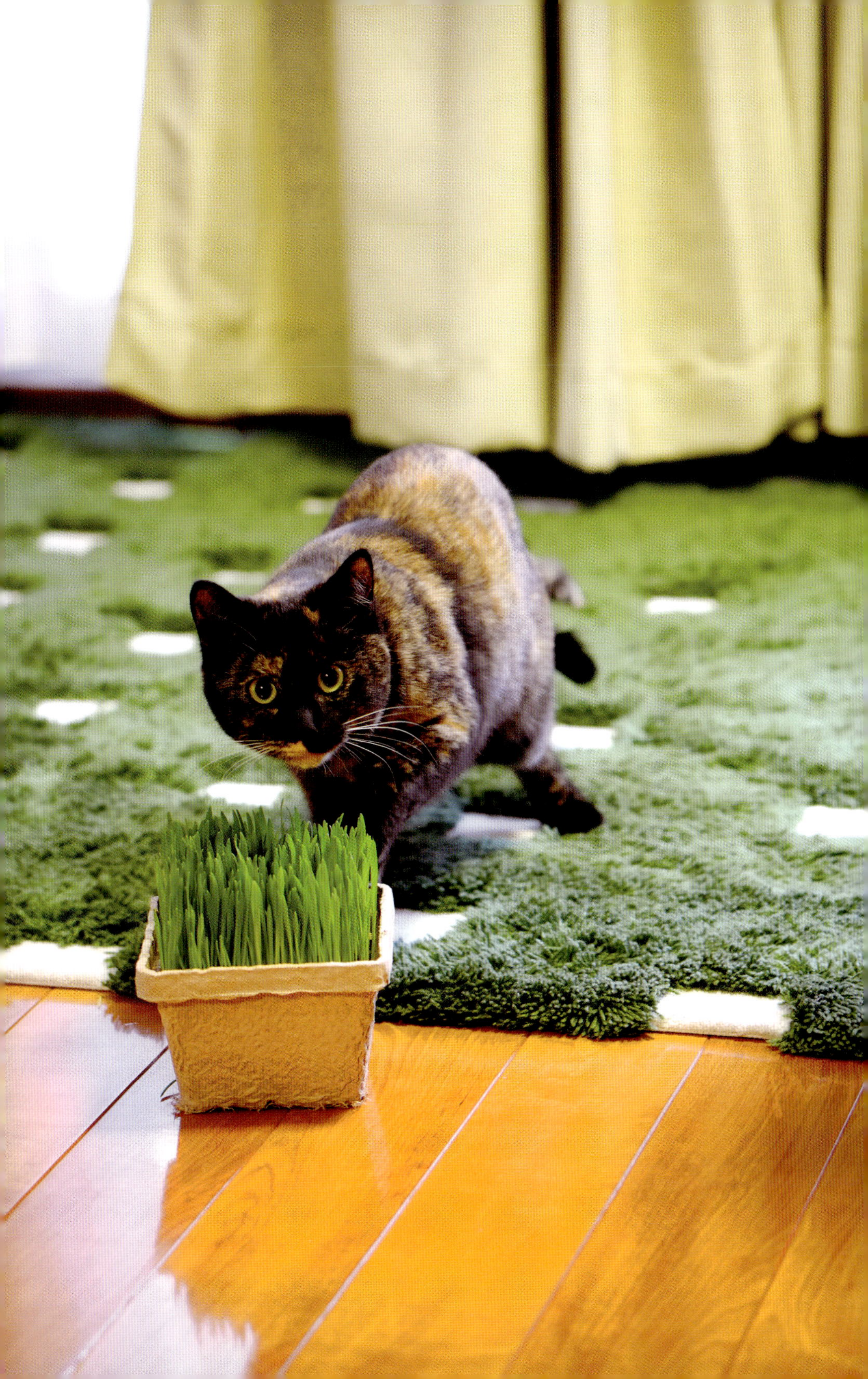

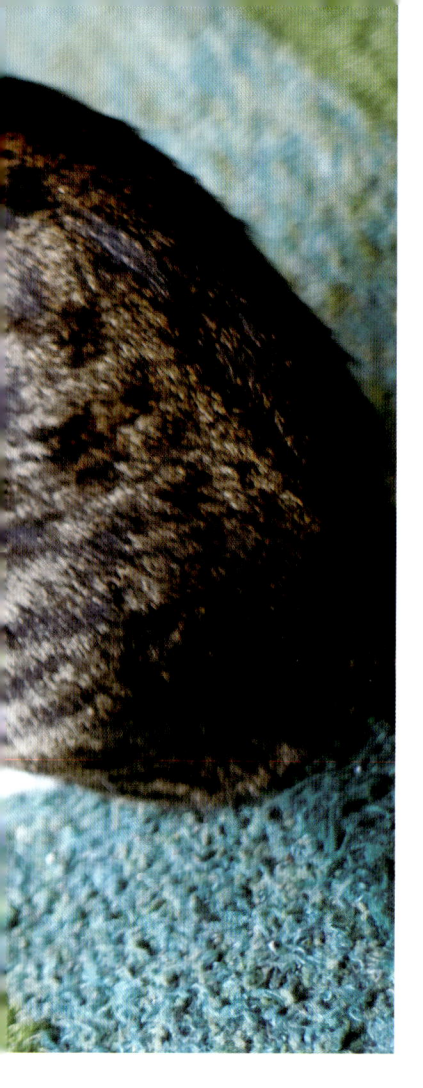

●うめ
メス 2〜3歳
2012年11月、
富岡町本岡新夜
ノ森保護

Ume

She is a tiny, friendly cat, wearing a red gingham-checked collar when she was rescued. Mrs. Takahashi wanted to keep a dog, but she fell in love with *Ume* at first sight on the New Year Day.

"*Ume* always brings relief for us. She always greets us joyously when we come back home and follows us around. I think she has deposition of dogs rather than cats. I am thinking to keep her as long as possible before she finds her owner. Because she always makes us so happy, I often think God sent her to us. She must be manekineko (beckoning cat)."

保護時に可愛らしい赤いギンガムチェックの首輪をしていた。小柄な美猫のうめは、性格も最初から人なつっこい。犬を飼いたいと思っていた高橋さんだが、正月の厄払いに出かけた帰りに、うめと出会いひと目惚れ。

「うめには癒されています。帰宅時にはいつも出迎えてくれるし、家の中を私が移動すると一緒について廻る。犬っぽい性格ですね。元の飼い主さんが見つかるまでの無期限の預かりのつもりですが、うめは神様から私たちの厄を落とすために遣わされたようにも思えます。というよりも、

幸せを招き入れる
招き猫のような存在ですね」

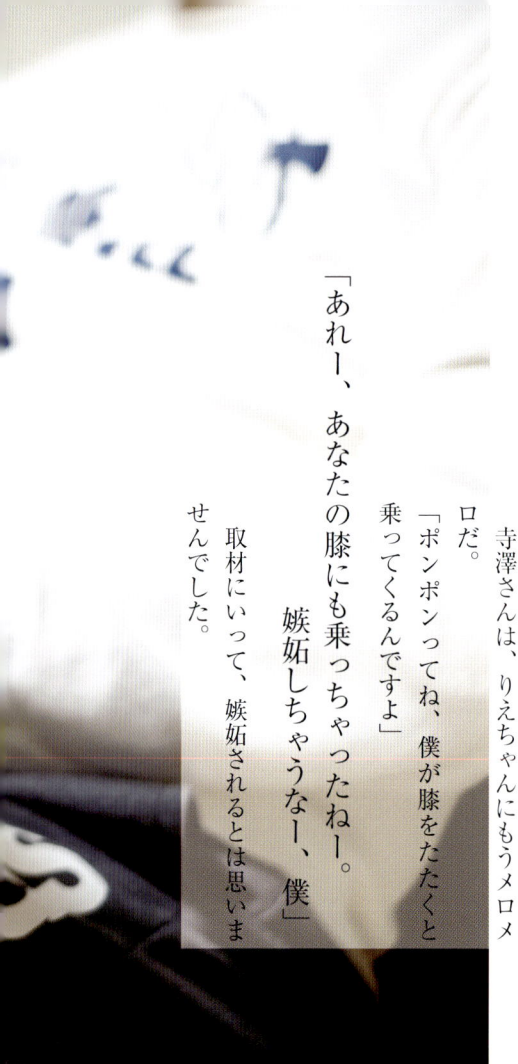

「震災前に何回か被災地の近くへ行ったことがありますから、どんな場所だったか知っていますよ」と里親の寺澤さん。

「りえちゃんは、わがままで頑固ですね。頭をこっんとやりますが、怒られたことは二度としませんよ、賢いです。ブラッシングはきらい。でもね、ドライヤーは平気です。掃除機だって大丈夫。甘えん坊で人をベロベロ舐めるんです。人間が大好きでね。飢えの記憶があるのか、ご飯を食べるときは必死です。忍びないなぁ」

寺澤さんは、りえちゃんにもうメロメロだ。

「ポンポンってね、僕が膝をたたくと乗ってくるんですよ」

「あれー、あなたの膝にも乗っちゃったねー。嫉妬しちゃうなー、僕」

取材にいって、嫉妬されるとは思いませんでした。

● りえ
メス 3〜4歳
2012年7月、
大熊町熊熊町保護

Rie

"I have visited the affected area for several times before that disaster. So, I know the environment where she was brought up." said Mr. Terasawa. "She is disobedient and stubborn. I often pat her head when she behaves badly. She never does the things again once she got warning. I think she is smart. She hates brushing, but doesn't afraid of the dryer and vacuum cleaner although many animals hate them. She often demands affection by licking people a lot. And the way she eats…she always gobbles feed down. It makes me feel pity, thinking she does so because she was once starved." Mr. Terasawa is deeply in love with Rie. "She comes and sits on my lap when I tap my lap. Oh, she sits on your lap now! I am jealous." Well, I had no intention to make you jealous, Mr. Terasawa.

Ten

Only those who are physically fit could survive in the restricted area. *Ten* used to be a tiny, weak cat, but grew wild while she tried hard to survive. So, she needed a while to learn how to get along with people again in the temporary animal home.
Mr. Saito used to be a musician, but he decided to change jobs for living. At his turning point, he also decided to keep a cat and met *Ten* on the very next day from his decision.
"She needed some more training after she came to me. I'm having a very good time with her. I always go back home straightly from work. I think I love her more, but *Ten* is attached more to my girl friend." Mr. Saito and *Ten* surely enjoy their new life.

● てん
メス　2〜3歳
2012年11月、
浪江町権現堂
保護

体力のある猫しか生き延びられなかった避難地区。小柄なてんは、子猫のように可愛いが、サバイバル生活中にすっかり野生化した。保護後、託児所で再度人になりされて、譲渡会に。

里親の齋藤さんは、少し前にミュージシャンとして食べていたのをやめ、音楽は趣味にして別の仕事をすることにした。人生の大きな決断をしたわけだ。そして猫を飼おうと思い立つ。その翌日、チラシで譲渡会を知り、てんと出会う。

「今は直りましたけど、うちでも一度野生に戻ったので、僕が矯正しました。一緒に暮らしていて楽しくてしかたがなく、外出していても、早く家に帰らなくちゃと……。でもね、てんは女の人が好きみたい。こんなにかわいがっているのに、なぜだか僕よりも彼女になついている」

生活を一変させた齋藤さん&てん。とても幸せそうでした。

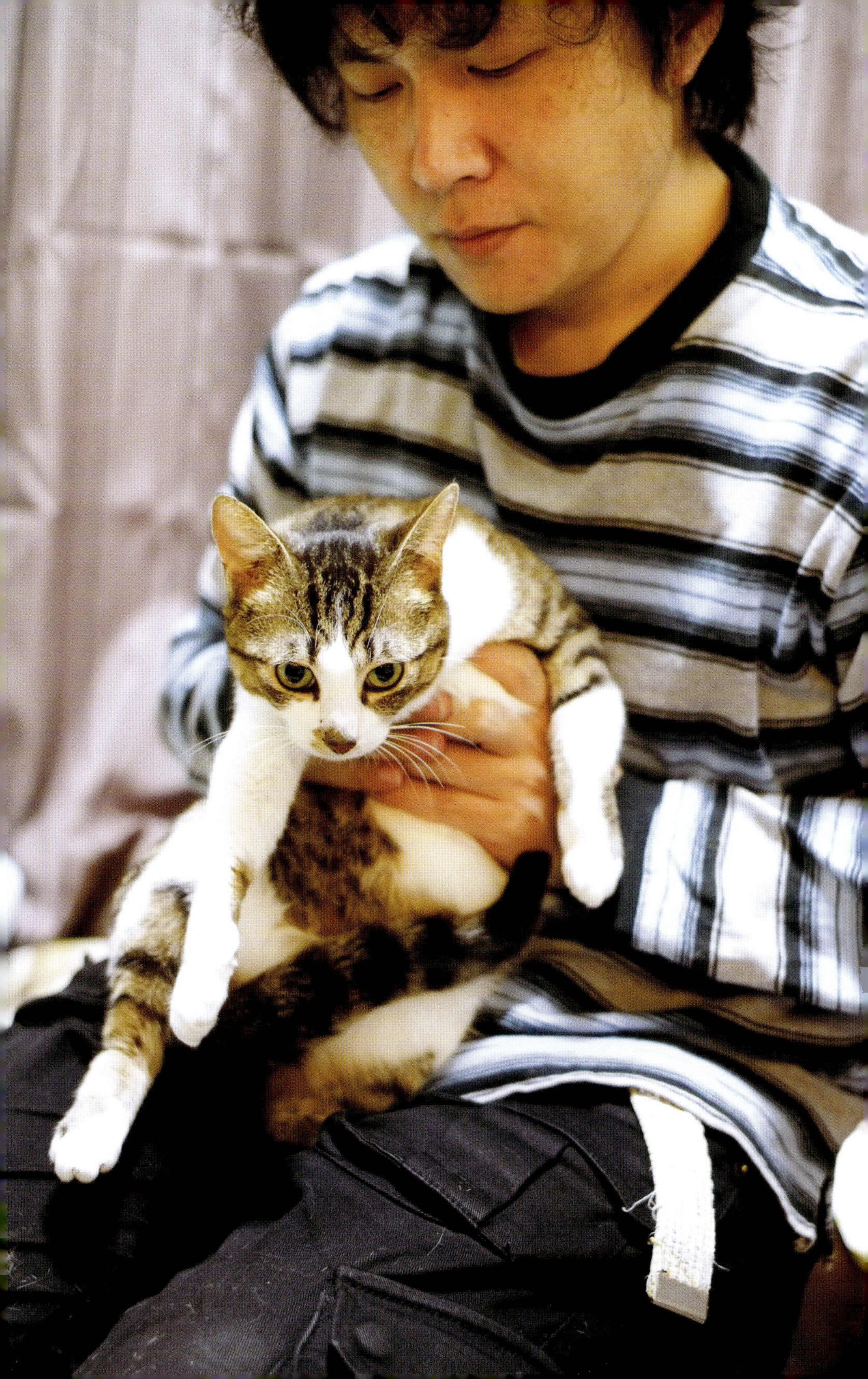

● 光（こう）
オス　2〜3歳
2012年3月、
浪江町北幾世橋
保護

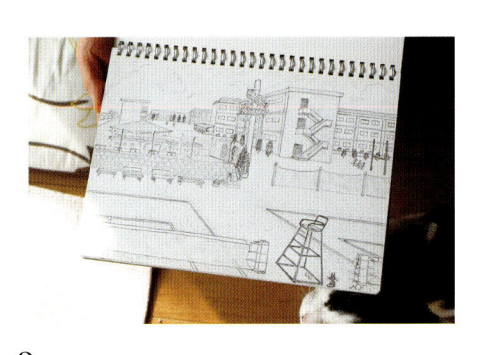

3人の子供たちもすっかり猫にメロメロ。

「猫を飼うのは初めてです。じつは闘病中だった夫が、思い出の場所の絵をスケッチブックに何枚も書いていたんですが、どの絵にも必ず片隅に黒猫が描かれていて……。きっと本人は黒猫になって懐かしい場所を訪ねていたんでしょうね」

その後ご主人を亡くした佐藤さんは、光と咲、2匹の黒猫の里親になった。

寝るときに自分の部屋へと取り合いになるので、風も引き取って1人1匹体制に。

「性格はそれぞれだけど、食べ物に敏感で何でも食べてしまうところは一緒。ホットケーキミックスを食べてうんちが白くなったことも。それでキッチンに入れないように柵をつけました」。佐藤さんは朗らかに話をしてくれた。

● 咲（さく）
メス　2〜3歳
2011年4月、
楢葉町北田保護

● 風（ふう）
メス　4〜5ヵ月
2012年10月頃、
南相馬市小高区
保護

Koh, Saku & Foo

"This is my first time to keep cats. Actually my deceased husband left many drawings of places where he visited in the past. It was funny but a black cat was always at the corner of every drawing... I thought he visited those places as a cat."
Later Mrs. Sato adopted two black cats, each named *Koh* and *Saku*. Her three children soon became mad for them. Because they fought over who slept with cats, they adopted another cat, *Foo*.
"Each cat has distinct characters, but all of them are 'big-eyed.' They eat anything. Once they ate a whole bag of pancake mix. This made boo-boo all white. Now a fence was installed to prevent them from entering the kitchen." The way Mrs. Sato talks about cats convinced us how much she enjoys living with them.

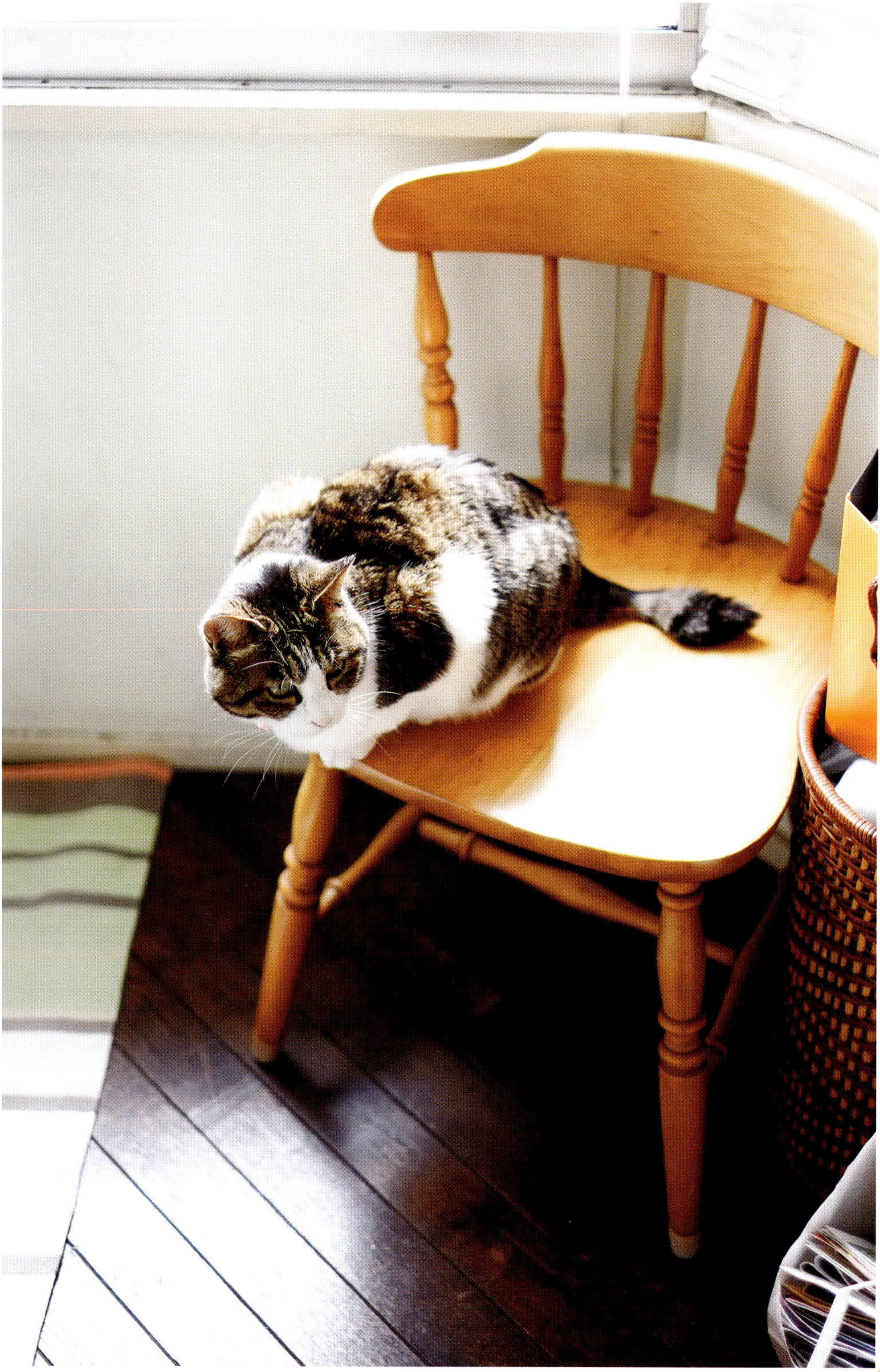

●スミレ
メス　3歳以下
2012年4月、
大熊町熊熊町
保護

Sumire

Her name, *Sumire* (violet), well describes her cute appearance. However, it is derived from "*sumi* (charcoal)" because she was rescued near a charcoal burner's lodge.
In the check-up, she was found fractured in the pelvis that made her unable to defecate by herself. After the fracture is cured, the skin and sub dermal necrosis was found on the back. *Sumire* somehow survived two surgeries.
Rescue volunteers found her by her thin cries. They thought how much she missed people when she met them for the first time after a year.

After Mrs. Mori lost her loving cat, *Fifi*, in a traffic accident, she had been having sad and painful time. On a day, she found a blog introducing rescued cats by chance, and saw a cat looked like *Fifi*. She thought it the destiny and soon made a contact with the nursery center (shelter). The name of the cat was *Sumire*, which was exactly what Mrs. Mori had in her mind. What a coincidence it was because she loves violets and wanted to name a female cat after her loving flower.
People say that more one longs for happiness as more hardship it experienced. Her thin crying to rescue volunteers may be the call to Mrs. Mori.

スミレ。子猫のようなあどけない容姿にぴったりの可愛い名前だと思う。だが元々は、炭焼き小屋の前で保護したことから名付けた仮の名前だった。そう、スミレのスミは炭焼きの炭。
スミレは保護後の検査で骨盤骨折が判明。自力でうんちが出せない状態だった。治療後、今度は背中の皮膚が壊死し、内部も潰瘍状態に。二度目の手術となった。じつは命が危ない状態だったのだ。
保護時のスミレは捜索中の隊員に「ニャーゴ、ニャーゴ！」と自ら存在を鳴き声で知らせている。
何を思って一年ぶりの人間に声をかけたのだろう。

里親の森さんは、オスの愛猫フィーフィーを交通事故で亡くし、哀しくつらい日々を送っていた。ある日、偶然見た保護猫を紹介するブログに、フィーフィーにそっくりのスミレを発見。柄だけではなく表情までよく似ていた。森さんは、

運命的な出会いを感じて

すぐに連絡をとる。

偶然はまだあった。メス猫を飼うなら名前は自分の好きな花の名前、スミレにしようと考えていた。そして炭のスミレが、花のスミレになった。

辛い思いが深いほど幸せに敏感になるという。あのときのスミレのひと鳴きは、森さんとの出会いを予感してのことかもしれない。

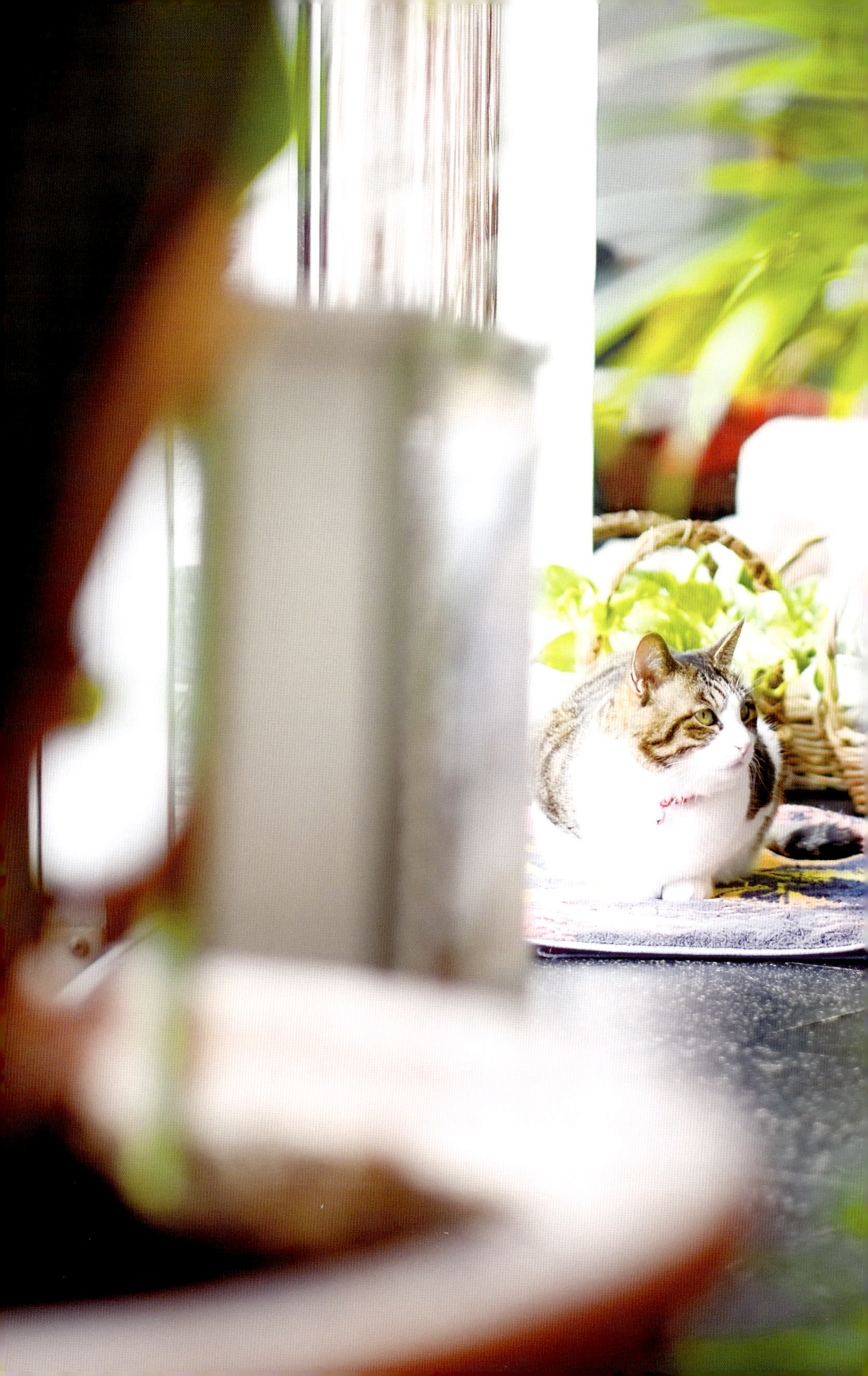

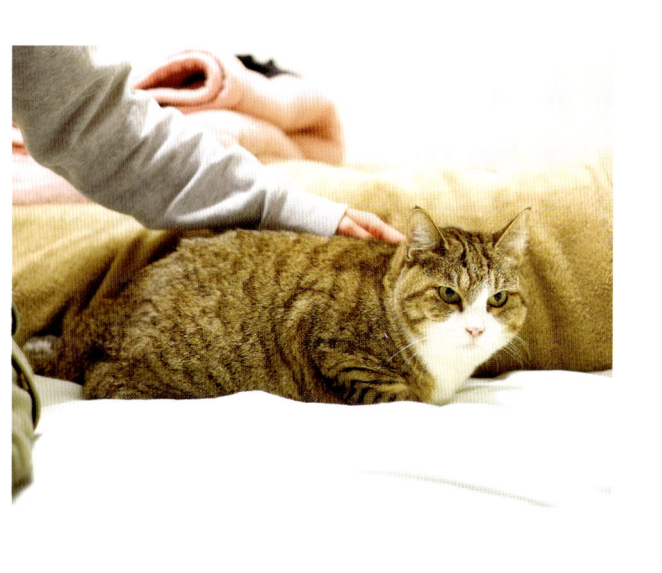

Marie

Marie assumes a somewhat dignified attitude. As she lost some teeth, she may be old or she may just accidentally loose teeth. In the place she was rescued, many cans scattered here and there with teeth of dogs and cats stuck probably due to their vain attempts to feed on them. *Marie* survived in such an environment over a year.
She loves being alone and does not like being held in arms. Her adopter said, "She never behaves badly nor scavenges. She never pays attention to foods of others. Only occasionally she gazes and talks to me. There are many findings after *Marie* came to me. It is the happiest thing that I met *Marie*."

● マリー
メス　年齢不明
2012年6月、浪江町川添上加倉保護

なぜだかさんづけをしたくなる。マリーさんは年齢不詳。歯が何本かない。老猫かもしれないが、歯を失ったのかもしれない。というのも保護場所は餌の乏しい浪江町の住宅地。ここにはよく犬猫の牙の刺さった缶詰が転がっている。野生の勘が働くのだろうか、缶詰だから匂いはしないと思うのだが。そんな場所でマリーは一年三ヵ月も生き延びてきた。

ひとり静かなのを好むマリー。抱っこが苦手なマリー。

「来たときからいたずらも爪研ぎもしません。ゴミ箱あさりもしないし、人の食べ物も気にしない。でもたまにじっと眼を見ながら話しかけてくれるんです。飼ってみてたくさんの発見があった。

私、マリーが来てくれて本当に幸せの一言です」

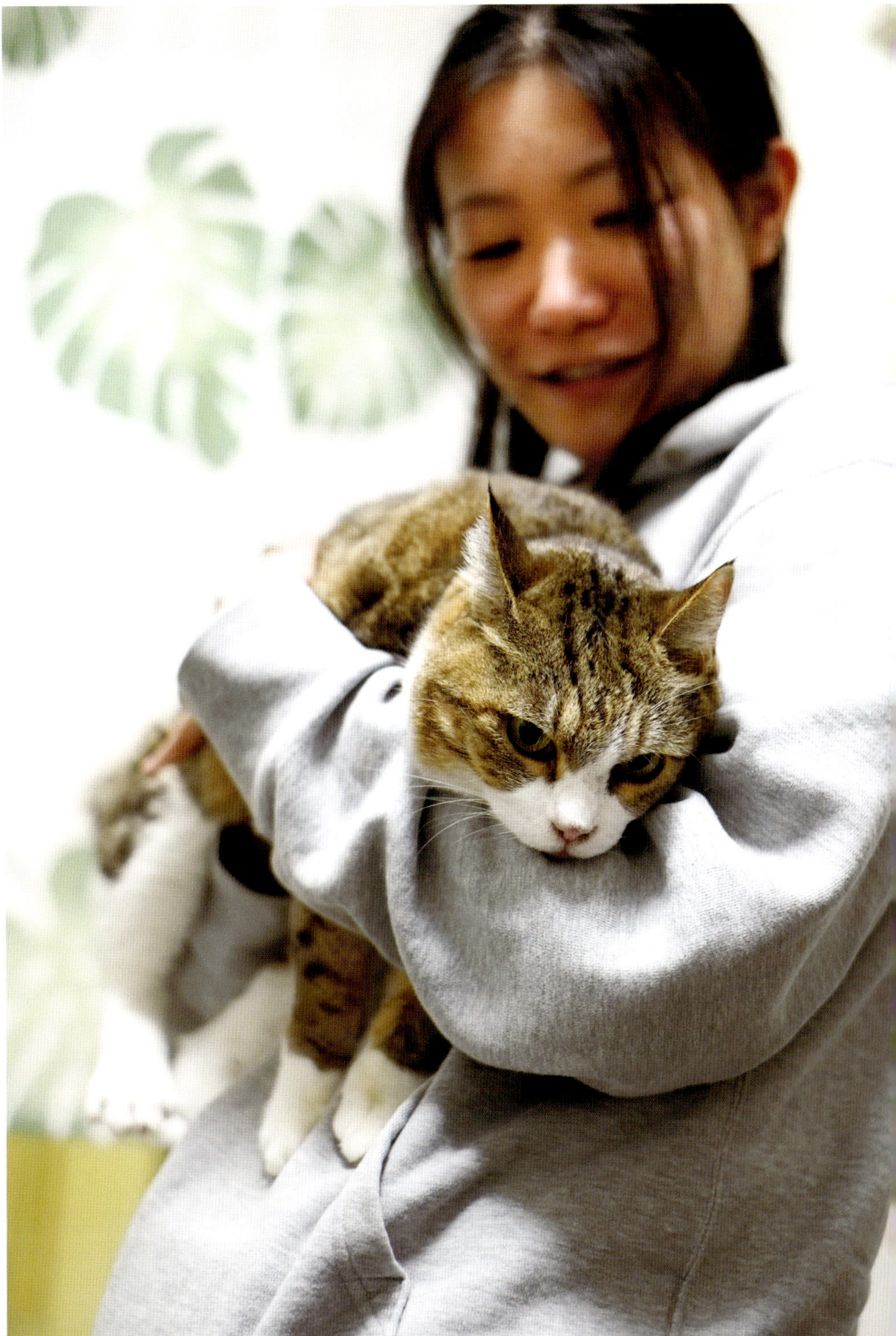

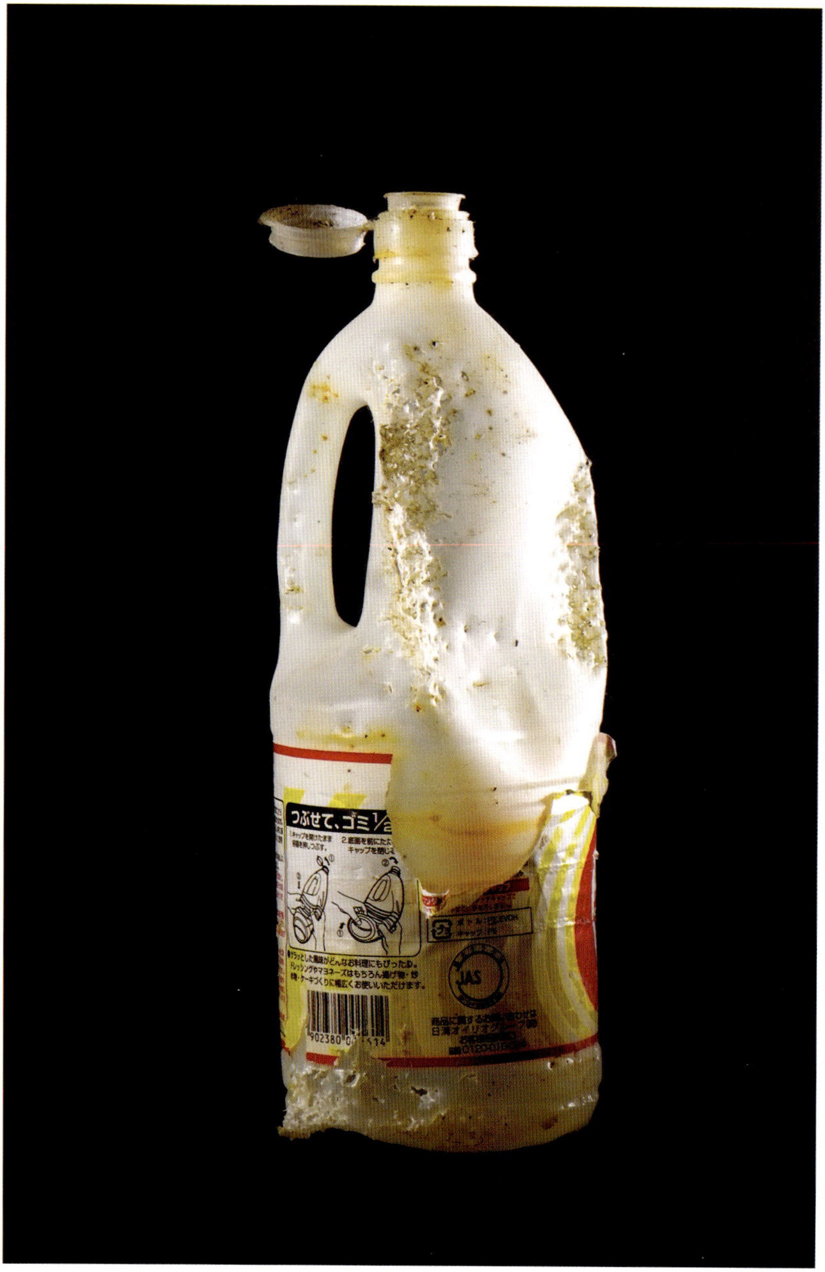

つぶせて、ゴミ1/2
JAS

レスキューの現場から

西井えり（高円寺ニャンダラーズ）

私個人が福島での動物レスキューを始めたのは2011年4月22日の福島原発警戒区域が設定された直後です。

依頼ペットの捜索に出ている仲間と別行動で、保護した犬猫と共に真っ暗闇の無人の住宅地に一人でいたこともありました。本当の暗闇で無音です。明かりは自分の持っているライトだけ。その時は依頼主の家の縁側やお庭で休ませていただきました。家の中は地震で散乱した物で溢れていました。でも震災前のようすが容易に想像できるところもありました。

この家の猫ちゃんはこの出窓に用意されたこの猫ベッドに寝そべって、暖かい家の中からのんびり外を眺めてたんだろうなあ。それなのに突然人がいなくなり、真っ暗闇になり、家の中も凍えるほど冷えきって、飼い主が置いていったわずかな食べ物もあっという間になくなっていく。どんなに鳴いても叫んでも誰も帰ってこない。めちゃくちゃ怖かっただろう、寂しかっただろう、お腹も空いただろう、訳がわからなかっただろう……。思わず自分の飼い猫に置き換えて想像して、暗闇の中、一人で泣いてしまったこともあ

りました。

2011年のあの頃に助けられなかったペット、家畜たちの悲惨な姿、鳴き叫ぶ声はいまだに頭の中に生々しく残っていて、思い出すたびに、どうしてあの頃はこうじゃなかったんだろう、あの頃が今のようにこんなにスムーズな救助活動ができていたら、あの時のあの子は死ななくて済んだのでは、といくら考えても仕方のないことが、未だに頭の中でエンドレスに流れてしまいます。

私たちボランティアがなぜ福島までレスキューに行くのか？それはあの事故が人間の起こした災害だからです。そこに暮らしていたペットや家畜たちがその犠牲になって、何の救済もなしに不条理な死を迎えなければならない状況はおかしいと思います。人の起こした事故の責任は、私たち人間がとるべきです。人のそばに寄り添って生きていた動物たちに、死を強要するような終息方法は間違っています。だから私たちは今も活動を続けています。

＊犬猫保護の現場での実情を語る「レスキューの現場から」全文を http://gotophoto.zauho.com に公開しています。
＊右頁写真／犬猫の歯形が無惨に残された食用油のボトル

●エピローグ

　僕の事務所は東京の高円寺にある。昭和の東京オリンピックの時代に発展した高円寺には、その後に流行したエスニック雑貨の老舗店や、いかにも貧乏そうな格好の若者が自力で古い商店を改装して始めた古着屋があり、タトゥー屋も複数軒ある。そしてそれらを多用する独特のファッション感覚の若者と、ヒッピー世代のすでに初老（失礼）の域に達した人たちと、インド人を含めたアジア系外国人と、下町のおばちゃんみたいな（これまた失礼）人たちが入り交じって独特な雰囲気を醸し出している。そして何と言っても、僕にはこれが重要なのだが、数枚の千円札でベロベロまで酔える飲み屋が多数ある。中央線沿線の中でもとくに貧乏な若者にやさしい、ありがたい街なのだ。しかも新宿ぐらいからなら歩いてでも帰ってこられる立地のよさ。つまりすでに若者ではないが十分貧乏なぼくには打ってつけの街なのだ。

　近頃の高円寺は阿波踊りに加えて、反原発の市民デモの街としてもよく売り出し中だ。アフリカンな民族打楽器を打ち鳴らしながらの行進は高円寺こそがよく似合う（警察に見守られながら整然と進む行進は単なるお祭り騒ぎにしか見えないけどね）。そんな高円寺の事務所にお似合いの福島被災猫を飼うことになった。きっかけはこう。最近仲のいいニューハーフのミュージシャンが被災猫の里親探しの活動をしていて、思わず賛同してしまったから。その活動の主要メンバーたちは、それぞれ東北にボランティアに行っていて、現地で意気投合してお互い名乗ってみたらみんな高円寺人。そればじゃあ、ということでグループ結成と相成った。高円寺ニャンダラーズ、以後お見

知りおきを。ところで僕もとんでもないところで高円寺人とは出会う。たとえば北海道で昔ながらの生活をするアイヌの人を取材した際、一晩泊めてもらってそこの居候らしき怪しげな人と酒を飲んだ。そうその居候さんが、飲んでいる途中で分かったのだが高円寺人だったのだ。居心地がよいのでしばらく草鞋を脱いでいるのだという。ほんと根っから変わり者が多い街なのです。

さて、じつは僕は猫を飼うのが初めて。名前はフクスケと名付けた。どちらかと言うと犬派だった僕は、最初は犬と同じような対応しかできず、フクスケもそんな僕の扱いにも嫌がらず答えてくれて、すぐにお手を覚え、一緒に散歩もするようになった。そして僕も徐々に猫のことがわかり始め、気がついたらすっかりと猫派に生まれ変わってしまった。何のことはない、どうも僕がフクにならされていたようだ。

そして高円寺の連中が生還させた福島の被災猫の写真を撮り始めた。

高円寺ニャンダラーズの面々。彼らに共通するのは強烈なロック魂。
と書くと、俺の音楽はロックじゃないとツッコミが入りそうだが……。

著者・後藤真樹　ごとうまさき

写真家。成城学園高等学校、国際商科大学卒業。東京写真専門学校研究科中退。坂本万七写真研究所で美術品の撮影にかかわったのち、商業写真などを手がける。日本の宗教、郷土料理や職人の取材など日本の伝統文化にかかわる出版物の撮影・取材・執筆・講演などを行う。手がけた出版物に、『図説日本の仏教』（全六巻　新潮社）の新規撮影、『きょうのごはんはタイ料理』（NHK出版）の企画・撮影、『オヒョイと夏目の腹八分目』（アクセスパブリッシング）の撮影、月刊誌「華道」（池坊）の特集記事の撮影などがある。
著書『食育　野菜を育てる』（全8巻　小峰書店）、『未来へ伝えたい日本の伝統料理』（監修・小泉武夫　全6巻　小峰書店／第12回学校図書館出版賞を受賞）、共著『日曜関東古寺めぐり』（とんぼの本　新潮社）など。

取材協力	高円寺ニャンダラーズ　ほか被災猫ボランティア
	太田快作（ハナ動物病院）
	撮影にご協力くださった被災者の皆さん、里親の皆さん、そして54匹の猫
翻訳	飯村靖美
編集	座右宝刊行会（山本文子）
レイアウト・装丁	座右宝刊行会

おーい、フクチン！　おまえさん、しあわせかい？── 54匹の置き去りになった猫の物語 ──
Hey, Fukuchin ! Are You Happy ? ── Survival & New Lives for Cats from Fukushima ──

2014年2月10日　初版第1刷発行

著　者	後藤真樹
発行元	座右宝刊行会
	〒166-0014 東京都杉並区阿佐谷南1-1-5 安田ビル2F
	Tel.&Fax. 03-3314-3329
	http://gotophoto.zauho.com
発売元	株式会社ブックエンド
	〒101-0021 東京都千代田区外神田6-11-14 アーツ千代田3331 #300
	Tel. 03-6806-0458　Fax. 03-6806-0459
	http://www.bookend.co.jp
印刷・製本	株式会社双文社印刷
	http://www.sobun-printing.co.jp

本書の無断複写・複製は法律で認められた例外を除き、著作権の侵害となります。
© Masaki Goto 2014　Printed in Japan
ISBN 978-4-907083-09-0　C0036
定価はカバーに表示してあります。
乱丁、落丁本はお取り替えいたします。

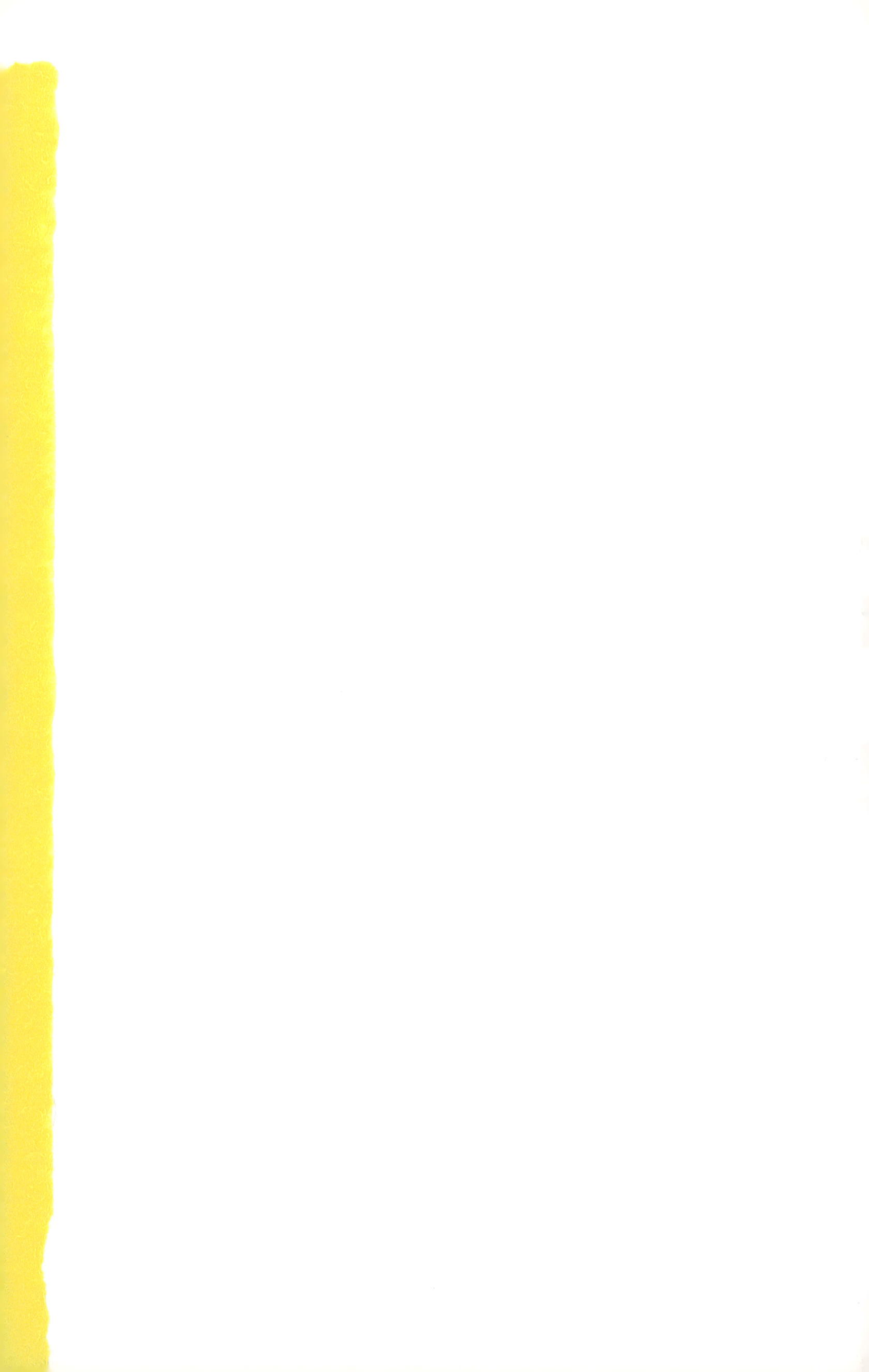